PRAXISHANDBUCH AIRBRUSH

Mathias Faber

PRAXISHANDBUCH AIRBRUSH

Modellbahnanlagen farblich gestalten

Altrost

Inhalt

Es soll richtig aussehen! Eine Einführung 7

Kapitel 1 | Die Gleisanlage 9

Der Einstieg – Rost auf Schienen und Schotter 10
Weichen, Betriebsspuren und Grenzzeichen 20
Prellböcke 28

Kapitel 2 | Architekturmodelle 35

Anschauungsmaterial – eine Industriefassade 36
Arbeitsproben – Wandteile 41
Grundlegendes – im direkten Vergleich 46
Erprobtes – Plastikmodelle 53
Die Schattentiefe – ein Schlüssel zu überzeugender Modellbahn-Architektur 58
Außenwände – ein Pförtnerhaus 64
Innenansichten – ein Industriebahn-Lokschuppen 70
Einblicke und Ausbauten – eine Werfthalle 77
Hoch hinaus – ein Werksschornstein 94
Exkurs: Der Scale Effect 99
Raumgreifend – ein Hafenkran 101
3D – ein Industrie-Tank mit angegriffener Oberfläche 108

Kapitel 3 | Umgebung 115

Bunte Vielfalt und grauer Alltag – Straßenpflaster und Asphalt 116
Befahrbar – reichlich Beton, eine Industriebahn H0i und eine Werftslipanlage 133
Mit Tiefgang – Wasser 144
Zurück zum Anfang – Erdarbeiten und Sandaufschüttungen 150
Ohne Plastikglanz – ganz unterschiedliche Kfz 158

Anhang

Register 166
Dankeschön! 167
Impressum 168

merstein

Es soll richtig aussehen!

Ausgehend von den meist als erstes verlegten Modellbahngleisen geht es im vorliegenden Buch um die **überzeugende** Darstellung eines vorbildgerechten Bahnumfelds. Sowohl beim Gleismaterial als auch bei den Architekturbausätzen und den Materialien zur Gestaltung des Drumherums müssen heute hinsichtlich Detailtreue und Maßstäblichkeit kaum noch gravierende Zugeständnisse gemacht werden. Es gibt große Unterschiede im Angebot, doch glücklicherweise hat der passionierte Modellbahner die Wahl.

Die maßstäbliche, dingliche Verkleinerung eines großen Vorbilds ist natürlich nur die eine Seite der Medaille, Stichwort: **Farbgebung**. Erst wenn die Farbgebung in den Prozess des maßstäblichen Verkleinerns mit einbezogen wird, gelingt ein wirklich vorbildgetreues Modell. Auf diesem Aspekt soll hier der Schwerpunkt liegen. Wie sehen die Dinge im Großen tatsächlich aus? Wie setze ich das Beobachtete maßstabsgerecht um? Lassen sich Gesetzmäßigkeiten erkennen?

Beim Farbauftrag auf der Modellbahnanlage spielt der Airbrush eine zentrale Rolle. Der Grund dafür ist bekannt: Mit keinem anderen Werkzeug lassen sich derart feine und gegebenenfalls gleichmäßig verlaufende Farbaufträge auf Modellen erzielen. Selbstverständlich gilt dies, wie bei allen Präzisionswerkzeugen, nur für qualitativ hochwertige, einwandfrei funktionierende Spritzapparate. Auch das Fixieren von Pigment Washings ohne ein Verwischen und vieles andere ist mit ihnen möglich. Der Umgang mit dem Airbrush ist deshalb bei der praktischen Umsetzung einer maßstabsgerechten Farbgebung ein Dreh- und Angelpunkt. Was geht hier mit dem Airbrush, wie geht es, wo wird es spannend und wo heißt es vorsichtig zu sein?

Viele detailliert geschilderte Arbeitsabläufe führen im Folgenden durch das große **Anwendungsspektrum** vom Gleisbau und der Architektur bis hin zur Gestaltung der Umgebung. Sie vermitteln wertvolle Erfahrungen. Das alles natürlich ohne Anspruch auf irgendeine Vollständigkeit, denn ein solcher wäre vermessen und würde jeden Rahmen sprengen. Zugleich wäre ein solcher Anspruch auch gar nicht nötig, denn viele der gezeigten Arbeitsweisen lassen sich einfach auf andere Gestaltungsvorhaben übertragen, sind quasi allgemeingültig. Ein Hinweis zu den Fotos, die all dies zeigen, soll in diesem Zusammenhang nicht fehlen: Bedingt durch den kleinen Maßstab der Modelle können die Dinge auf den Abbildungen deutlich größer erscheinen als sie es tatsächlich sind. Sich dessen bewusst zu bleiben, ist für die Beurteilung der erläuterten Arbeitsabläufe wichtig.

Vorausgesetzt werden in all diesen Kapiteln die grundlegenden Fertigkeiten im Modellbau und im Umgang mit dem Airbrush. Für den Fall, dass in dieser Hinsicht noch Unsicherheiten bestehen, sei mein Buch **Airbrush im Modellbau** empfohlen, das auf die benötigten Grundlagen eingeht. Auf dieser Basis sind hier viele gängige Aufgabenstellungen und Materialien ausführlich angesprochen, jede Menge Fotos perfektionieren eigene Anwendungen und beflügeln die Kreativität beim Gestalten einer Modellbahnanlage oder eines Moduls. Frohes Schaffen und viel Spaß dabei wünscht

Mathias Faber

KAPITEL 1
Die Gleisanlage

Wird das rollende Material vorbildgetreu gestaltet, muss auch die Gleisanlage mit den Schienen und der technischen Ausstattung diesem Anspruch gerecht werden. Auch bei den Gleisanlagen gibt es optisch sehr große Unterschiede, die durch die Nutzung und Bauart entstehen. So reicht die Spannweite von der Neubau- und Hochgeschwindigkeitstrasse bis hin zum kaum noch oder gar nicht mehr befahrenen Neben- und Abstellgleis. Gleise gibt es sowohl auf Beton- oder Stahlunterbau (z. B. Brücken) als auch auf herkömmlichem Unterbau mit eingeschotterten Beton-, Holz- oder Stahlschwellen.

Rost auf Schienen und Schotter

1.1-01 Auch hier gilt: genau hinschauen, um dem Vorbild gerecht zu werden. Das Einprägen der Besonderheiten von Strecken, die auf die Anlage sollen, ist der sicherste Weg zu überzeugenden Ergebnissen. Das Augenmerk muss sich dabei auf bestimmte Grundmuster richten. So glänzt die regelmäßig und in kürzeren Abständen befahrene Schiene auf der Lauffläche hell metallisch, die Flanken sind im Vergleich matter und dunkler.

1.1-02 Der Charme verrosteter Gleise. Ein vollständig verrostetes Gleis gibt es nur dort, wo nie oder kaum noch gefahren wird. Ein regelmäßig, aber nur in größeren Intervallen befahrenes Gleis kann ebenfalls Rost ansetzen, der aber zwischenzeitlich durch erneutes Befahren wieder abgetragen wird. Je höher die Geschwindigkeit des darüber hinwegrollenden Zuges ist, desto weiter wird sich der Rostabrieb verteilen.

1.1-03 Der Rost im Schotterbett. Der durch erneutes Befahren abgeschliffene Rost verteilt sich auf das direkte Umfeld der Schiene, sodass auch die dort im Gleisbett liegenden Steine zu rosten scheinen. Gleiches gilt für die Schwellen unmittelbar unter dem Gleis. Modellbahnschienen werden deshalb erst nach dem Einschottern »verrostet«.

1.1-04 Die Nachbildung von Holzschwellen muss farblich geändert werden. Neue H0-Schienen sind auf der Lauffläche meist blank und glänzen rundherum metallisch hell, die Schwellen wirken bei Berücksichtigung des *Scale Effects* sehr dunkel. Die Prägung der Risse in den nachgebildeten Holzschwellen ist nur bei bestimmtem Lichteinfall deutlich sichtbar, zudem stört der Glanz des Plastiks.

1.1-05 Mit dem Airbrush lassen sich die Schwellen ebenso variantenreich wie zügig gestalten. Die Möglichkeit, zügig vorzugehen, ist hier insofern wichtig, als dass manch ein Modellbahner aufgrund seiner Gleislänge »Meter machen muss«. Noch wichtiger ist aber der Variantenreichtum, denn nur so erscheinen die Holzschwellen auch vorbildgerecht. Um die Strukturen der Holzbohlen und ihre Farbnuancen zur Geltung zu bringen, werden die Schwellen in rascher Abfolge unregelmäßig mit einem gut deckenden Farbton aufgehellt.

Für die Schwellen werden wie beim rollenden Material Modellbau-Farben verwendet, am einfachsten lassen sich Acrylfarben verarbeiten. Vorab sind die Schwellen zu reinigen und zu entfetten, um schlussendlich eine optimale Haftung der Farbaufträge zu gewährleisten (um zu klären, ob es Unverträglichkeiten zwischen dem gewählten Reinigungsmittel und den zu reinigenden Materialien gibt, sind Vorversuche mit Teststücken oder an Stellen, die später nicht mehr zu sehen sind, empfehlenswert). Die hellere Farbe wird mit dem Airbrush über die gesamte Schwellenlänge aufgetragen, und zwar je nach Farbsorte auf etwa drei bis sechs Schwellen nacheinander.

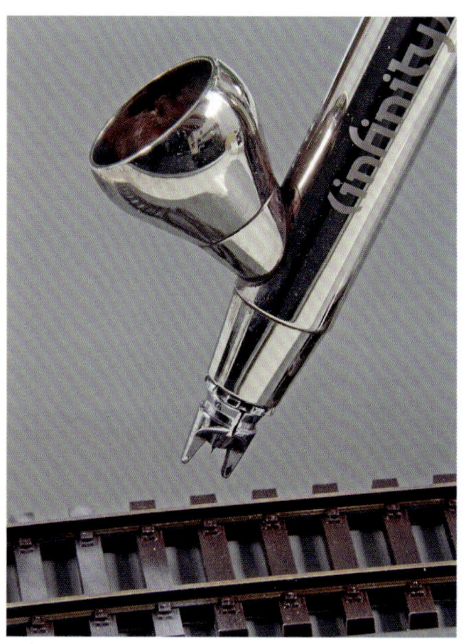

1.1-06 Starke Kontraste lassen sich im Nachhinein abmildern. Um die dargestellten Strukturen auf dem Holz der Schwellen zu betonen, wird die dann noch nicht vollständig durchgetrocknete Farbe gleich mit einem festen Tuch partiell abgerieben, auch die Schienenköpfe werden dabei mit freigewischt. Dafür wird das Tuch entlang der Schienen in Gleisrichtung über die Schwellen geführt. Der Druck und die Häufigkeit beim Abreiben bestimmen das Aussehen des zurückbleibenden Farbauftrags (auch hierfür sind Vorversuche hilfreich!).

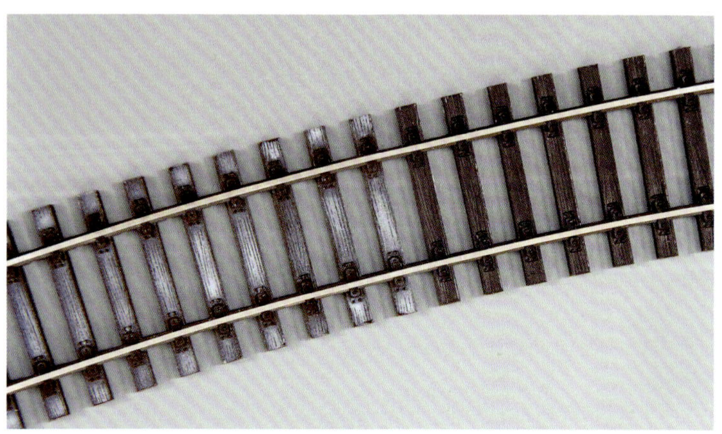

Wichtig ist, dass der Kontrast der Struktur nicht zu schwach ausfällt. Über den derart aufgehellten Schwellen geht es später mit unterschiedlichen, halbdeckend aufgetragenen Grau- und Brauntönen weiter. Schwach sichtbare Strukturen unterliegen dabei der Gefahr, meist gänzlich zu verschwinden.
Um geprägte, also vertieft angelegte Strukturen im Holz von Schwellen zu betonen, folgt nach dem Durchtrocknen der Aufhellung noch ein dunkles Washing (vgl. zum Thema »Washing« Seite 18 und 41). Soweit die Holzstruktur der Bahnschwellen erhaben dargestellt ist, erübrigt sich bei dieser Technik das dunkle Washing zum Hervorheben von Rissen und Kanten. Die nicht erwünschte Farbe auf der Flanke und dem Fuß der Schiene verschwindet später, wenn der Rostton aufgetragen wird.

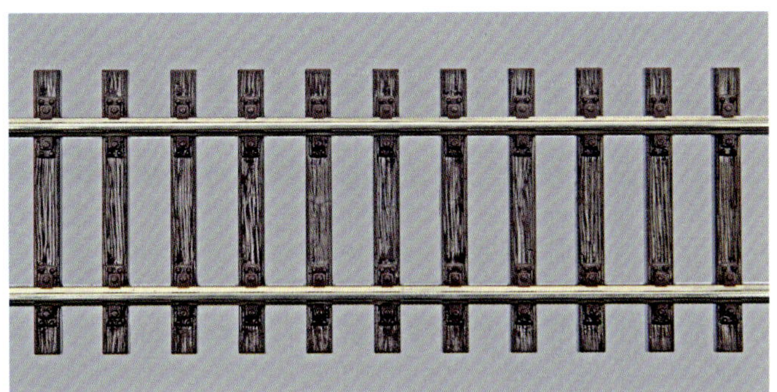

1.1-07 Die Aufarbeitung zu vorbildnahen Schwellen. Zeigt sich nun auf den Schwellen noch ein Rest von Plastikglanz, werden diese jetzt mit klarem Mattlack mattiert, bevor es mit dem Einschottern weiter geht. Fest verlegt können die Gleise schon vor Beginn der farblichen Gestaltung sein, was gerade das Freiwischen erheblich vereinfacht. Zum ersten Ausprobieren reicht als Untergrund allerdings eine graue Pappe, die gerade das Einschätzen der Kontraste erleichtert.

1.1-08 Differenzierte Färbung. Häufig unterscheiden sich die Schwellen des großen Vorbilds farblich kaum vom sie umgebenden Gleisbett. Das ist bei der Wahl der Farbtöne für die Schwellenüberarbeitung und die Schotterbettung des Modellgleises zu berücksichtigen.

Nach dem farblichen Vorbereiten der Schwellen wird die Schotterbettung angelegt, für die es Schottersteine in verschiedenen Grundfarben gibt. Inwieweit diese Farben schon dem jeweiligen Vorbild und dem *Scale Effect* genügen, muss der Einzelfall entscheiden. Unter Umständen lässt sich durch (halb-)transparente Farbaufträge mit dem Airbrush Schotter nach dem Einbetten der Gleise in seiner Helligkeit und Farbintensität korrigieren. Der Oberbau aus Gleis und Bettung kann damit durchaus eine noch vorbildgerechtere farbliche Homogenität bekommen. Ob und wie dies erfolgreich funktioniert, gilt es allerdings vorher mit der ausgewählten Farbsorte auszuprobieren.

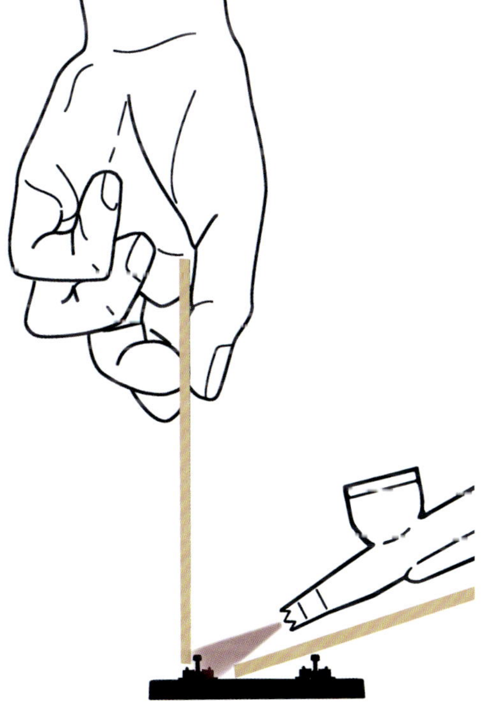

1.1-09 Das Auftragen von Rost. Gearbeitet wird mit dem Airbrush und zwei Kartonstücken. Der eine Karton deckt Schwellen und Schotterbett unter dem Spritzstrahl des Airbrushs ab, der andere verhindert, dass Farbe über die Schiene hinaus auf die andere Seite der Schiene gelangt. Bei Gleisen wie auf den ersten Vorbildfotos wird der unter dem Airbrush-Strahl liegende Karton dicht an die jeweilige Schiene gehalten, damit der Schotter weitestgehend rostfrei bleibt. Bei Gleisabschnitten mit deutlichen Rostspuren muss der Abstand deutlich größer sein, damit das Gleisumfeld weiträumiger mit eingerostet wird.

Für gebogene Gleise wird der unter dem Airbrush liegende Karton entsprechend dem Gleisradius zugeschnitten. Mit Kurvenlinealen (Burmesterkurven) lässt sich die Schnittkante dazu passgenau vorzeichnen. Der Karton sollte in diesem Fall nicht zu lang sein. Unmittelbar nachdem beide Schienenseiten überspritzt sind, wird die Lauffläche mit einem Tuch oder Wattestäbchen und Verdünnungsmittel gereinigt. Alternativ kann die Lauffläche der Schiene auch vorbereitend mit Öl eingerieben und nach dem Überspritzen einfach abgewischt werden; bei hartnäckigen Farbresten werden diese mit Schleifklotz oder -schwamm abgeschliffen. Dieser letzte Arbeitsschritt unterbleibt natürlich, wenn ein gar nicht mehr befahrenes Abstellgleis oder Gleisende entstehen soll.

1.1-10 Die Farbtöne in den Plastikflaschen sind selbst angemischt. Sie reichen als Grundfarben, die sich natürlich auf verschiedenste Weisen auch kombinieren lassen (mischen/überspritzen), völlig aus, um viele betriebliche Gegebenheiten vorbildgerecht nachzustellen. Je nach Gleis- und Farbhersteller ist zudem eine passende Grundierung empfehlenswert. Diese Grundierungen werden am Besten auf dieselbe Art und Weise aufgebracht wie anschließend die Rosttöne.

Auch pigmentfreie, also klare Grundierungen, bei denen dann nicht auf eine vollständige Abdeckung durch die ausgesuchten Rosttöne geachtet werden muss, gibt es sowohl für wasserbasierte wie für mit Verdünner gelöste Farben (*Schmincke/Mr.HOBBY/Mr.METAL PRIMER*). Eine bessere Sichtbarkeit einer solchen Grundierung nach dem Aufbringen mit dem Airbrush lässt sich erreichen, indem beispielsweise kleine Mengen des gewählten Rosttons daruntergemischt werden. Ein weiterer kleiner Praxistipp soll hier nicht fehlen: Ein freistehender Airbrushhalter, den es in unterschiedlichsten Varianten gibt, sollte schon vor Arbeitsbeginn möglichst am Ort des Geschehens stehen.

1.1-11 Schienen, Schwellen und Schotterbett sind fertig aufgearbeitet. Wie gefordert, gibt es bei diesem Beispiel in der Spurgröße H0 eine überzeugende farbliche Differenzierung, die einem Vorbild sehr nahe kommt.

1.1-12 Das Aussehen von Gleis und Bettung ist immer auch ein Spiegel der betrieblichen Anforderungen. So können gerade im Bereich von Klein- und Privatbahnen, aber nicht nur dort, die Schwellen fast (gänzlich) in einer (Sand-)Bettung verschwinden. Die Farbgebung der Schwellen und deren Bettung wird dann nur sehr gering voneinander abweichen. Ein Effekt, der im Modell mit dem Airbrush und halbdeckenden Farbaufträgen – zum Schluss und »über alles« – erzielt wird.

1.1-13 Stark ölverschmutzte Schwellen kennzeichnen oft Orte, an denen Triebfahrzeuge häufiger zum Stehen kommen. In diesem Gleisabschnitt, in dem Betonschwellen zudem alte Holzschwellen ersetzen, spielt seitlicher Abrieb im Gleisbett neben den Schienen (noch) keine Rolle. Für das farbliche Gestalten einer solchen Stelle auf der Modellbahn wird der jeweils andere Gleisabschnitt (Holzschwellen/Betonschwellen) vor der Bearbeitung der dazugehörenden Schwellen mit Markierband abgedeckt. Das Vorgehen bei den Betonschwellen gleicht im Prinzip dem Procedere bei den Holzschwellen. Im Gegensatz zu den Holzschwellen werden die Betonschwellen aber mit einem etwas dunkleren Farbton leicht körnig überspritzt. Die dunklere Farbe wird mit dem Airbrush über die gesamte Schwellenlänge aufgetragen, und zwar je nach Farbsorte auf etwa drei bis sechs Schwellen nacheinander. Direkt anschließend wird die dann noch nicht vollständig durchgetrocknete Farbe mit einem festen Tuch partiell abgerieben, auch die Schienenköpfe werden dabei mit freigewischt. Der eventuell noch sichtbare, unrealistische Glanz der Plastikschwellen verschwindet gegebenenfalls wieder unter einem matten Klarlacküberzug. Mit Hilfe eines feinen Pinsels der Stärke 3/0 bis 10/0 entstehen zum Schluss die »Ölflecken«.

1.1-14 Manch betrieblicher Alltag ist einfach grau. Die Modellbahnschwellen erhalten dafür schon eingangs eine gänzlich graue Überarbeitung, der Rostton ist eher ein Grau mit Flugrostspuren, und dem Überarbeiten zum Schluss – mit dem Airbrush und halbdeckenden Farbaufträgen »über alles« – kommt eine prägnante Bedeutung zu. Interessant zu beobachten ist in diesem Zusammenhang auch, dass im Gleisbett der großen Bahn liegende »Fremdkörper« wie Glasflaschen langsam die Farbe ihrer Umgebung annehmen.

1.1-15 Modellgleise ohne sichtbare Schwellen werden anders vorbereitet. Der erste Arbeitsschritt für die farbliche Behandlung der Modellgleise, also das Herausarbeiten der Schwellenbeschaffenheit, kann entfallen. Auf einem wenig befahrenen Streckenabschnitt, dem Gleis einer Klein- oder Werksbahn sowie auf einem Anschlussgleis, dessen Schwellen im Sand verschwunden sind, wird sich auch kein nennenswerter Rostabrieb auf dem Sand ablagern. Hier ist somit das seitliche »Verrosten« der Modellgleise – anders als beim eingeschotterten Gleis – vor dem Einbetten vorzunehmen!

1.1-16 Beim vorbildgerechten Gleisbau gibt es viele Besonderheiten zu entdecken! Originalgetreuer Gleisbau nach ausgewählten Vorbildern kann ganz anders aussehen als das, was beim simplen Zusammenstecken von Standardgleisen der großen Modellbahnhersteller entsteht. Augenfällig ist dies schon bei den Schwellen, deren Bauart und Befestigung. Unterschiedliche Schienenprofile und Befestigungsformen kommen hinzu. Das genaue Schauen, für welche betrieblichen Leistungen die Vorbildgleise wie verlegt wurden, hilft auch bei der farblichen Vorbereitung und Gestaltung der Modellschienen. Die Schienenflanken vor dem Einfügen der Modellgleise in eine sichtbar variierende Gleisbettung einzufärben (mit dem Airbrush!), ist in keinem Fall verkehrt. Sollten die Gleise in bestimmten Abschnitten dann doch vorbildgerecht auf ihre direkte Umgebung »abfärben«, führt ein zweiter Farbauftrag in diesem Bereich zu keinerlei relevanten Nachteilen!

Die hier gezeigten FREMO-Module des Bahnhofs Grenzheim gehören Thorsten Meyer und wurden von Peter Sommerfeld gebaut. Mehr zum Thema Sand als Gleisbettung ab Seite 154 (Werftbahn).

1.1-17 Gleise im Pflaster, Asphalt oder Beton sind eine weitere Besonderheit. Auch auf dem Pflaster, in dem ein Gleis über den Hof des Bahnbetriebswerks liegt, zeigt sich kein ausgeprägter Rostabrieb, denn dafür sind die hier gefahrenen Geschwindigkeiten viel zu gering. Dafür aber rostet die innen liegende Schutzleiste resp. die Innenseite des Tramgleises still vor sich hin.

1.1-18 Eine innen liegende Schutzleiste hält das Straßenpflaster sicher auf Abstand. Der Weg für die Spurkränze des rollenden Materials bleibt auf dem Bahnübergang frei, unabhängig davon, in welchem Erhaltungszustand sich das Straßenpflaster befindet. Die Schutzleiste wird von den durchfahrenden Zügen natürlich nicht freigefahren, und der kreuzende Straßenverkehr generiert nicht genug Abrieb, um für eine metallisch glänzende Schutzleiste zu sorgen.

1.1-19 Für Strecken in befestigten Straßen und Plätzen sind Rillenschienen wie Straßenbahnschienen eine sichere Alternative. Der Spurkranz des rollenden Materials läuft bei diesen, auch Tramschienen genannten Schienen, innerhalb einer Rille, die Schutzleiste ist also Bestandteil der Schiene. Die hier zwischen Betonplatten verlegte Schiene stammt von *Swed* (das Entstehen verschiedenster Betonplatten ist in Kap. 3.2 ab Seite 133 Thema). Ihr charakteristisches Aussehen erhalten die Tramschienen auch in diesem Fall am einfachsten vor dem Einbetten. Der Rost- oder Schmutzton wird mit dem Airbrush von oben her aufgetragen, der Schienenkopf gleich anschließend freigewischt.

1.1-20 Bahnübergänge gibt es wie Gleisanlagen in unzähligen Varianten. Da ein Bahnübergang in der Regel integraler Bestandteil der Gleisanlage ist, haben die Schienenflanken bereits den zum Betrieb passenden Rostton erhalten. Es gilt einfach, das Einschottern resp. Verfüllen des Gleises an der Stelle des Bahnübergangs zu unterbrechen und die Übergangsteile dann zu gegebener Zeit einzufügen. Die Gleise farblich dunkel zu unterlegen, mag sich auch hier als hilfreich erweisen, damit später nichts Helles durchschimmert. Als Nächstes ist nun zu überlegen, wie weit der geplante Straßenbelag an die Schienen reichen soll (siehe als Beispiel auch die Fotos 3.1-01 und 3.1-03 auf Seite 116/117). Wie ein angegriffener Straßenbelag im Umfeld entstehen kann, lässt sich ab Seite 129 verfolgen.

1.1-21 Metallplatten sind eine belastbare Alternative zu Straßenbelägen und Holzbohlen. Aus *H0 Riffelblech schwarz* (*BRAWA*) lässt sich eine solche Schienenquerung gut herstellen. Die Platten sind passgenau auf die richtige Größe zu schneiden. Weißes *Plastic Sheet*, also universell zu verbauende Plastikplatten und -streifen für den Modellbau *(evergreen scale models)*, gibt es in unterschiedlichen Stärken, was mit Blick auf das jeweils verlegte Gleis wichtig ist. Nach dem Zurechtschneiden werden die passenden Stücke unter die vorbereiteten Riffelblechplatten geklebt und halten diese später am und im Gleis. Der nächste Schritt dient einer vorbild- und scalegerechten Farbgebung.

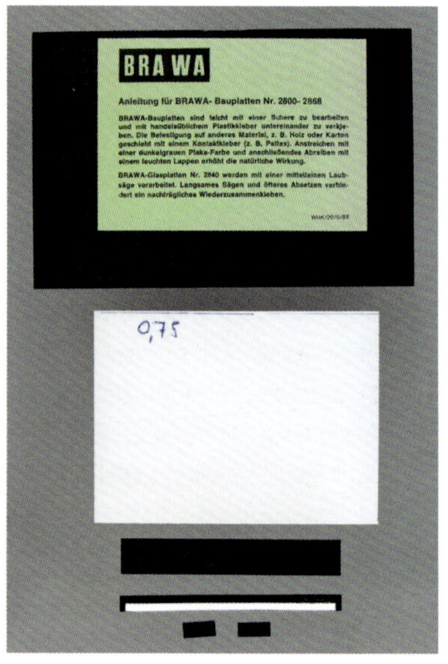

1.1-22 Mit der Rostdarstellung kommt auch die Oberflächenstruktur der Platten gut zur Geltung. Ein Washing auf Ölfarbenbasis (für den Modellbau) führt zu dem gewünschten Aussehen. Die sehr dünnflüssigen Farben verlaufen auf dem Plastik ausgesprochen gut und, wenn gewünscht, auch ineinander. Angeboten werden Washfarben in ganz unterschiedlichen Farbtönen und Abstufungen, die innerhalb eines qualitativ hochwertigen Sortiments (aus Öl- oder Acrylfarben) auch problemlos untereinander mischbar sind. Die Rostdarstellung auf dem Riffelblech gelang mit drei Farbtönen, von denen der Ton *Rust Streaks* der dunkelste war. Natürlich können auch Künstlerfarben mit etwas Erfahrung selbst auf eine Washkonsistenz gebracht werden.

1.1-23 Die Platten sind als Teil des Bahnübergangs zwischen den unterschiedlichen Straßenbelägen verbaut. Der stumpfe Rost und die schwarz glänzenden Partien wirken dort im Seitenlicht gänzlich anders als in der Aufsicht. Die Washings haben mit dem Airbrush sehr unterschiedliche Glanzgrade von matt bis hochglänzend durch entsprechende Klarlacke erhalten. Erst durch diese großen Unterschiede im Glanz wirken die Metallplatten wirklich realistisch. Dies lässt sich fotografisch zwar nur schwer wiedergeben, ist im Vergleich aber schon zu erkennen.

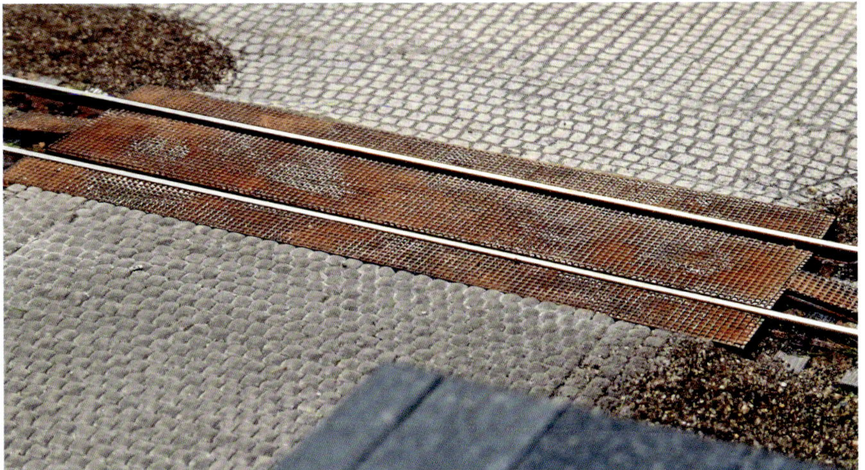

1.1-24 Stark variierender Rostbefall und vielfältige Verschmutzungen machen diese Drehscheibe zu einem eindrucksvollen Vorbild. Die Washings für die Modellumsetzung ähneln vom Vorgehen her denen auf den Riffelblechen. Die Roste sollten jedoch mit fein gespritzten, etwas unterschiedlichen Metalltönen vorbereitet werden. Wenn wiederum Washings auf Ölfarbenbasis zum Einsatz kommen, entstehen die Metalltöne mit Acrylfarben auf wässriger Basis (Airbrushfarben). Diese Kombination stellt nach dem Durchtrocknen der Acrylfarben sicher, dass die Verdünnung der Ölfarbenwashings die Metalltöne nicht anlöst. Eine solche Vorgehensweise ist natürlich auch umkehrbar (Acrylfarbenwashings über Modellbaufarben auf Ölfarbenbasis). Wichtig ist, dass die Oberseiten der Roste vorsichtig in Teilen freigewischt werden und damit ein vorbildgetreues Aussehen bekommen.

Die durchgehenden Schmutzstreifen rechts und links vom Gleis entstehen wiederum mit Hilfe des Airbrushs. Wie dabei genau vorzugehen ist, zeigt das Foto 2.5-12 auf Seite 62.

1.1-25 Die Farben von Bahnstrecken und ihrem Umfeld können sehr abwechslungsreich sein. Die hier durchfahrende RAILPOOL-Lok 185 671-5 wird vielleicht vor nicht allzu langer Zeit den hinter ihr liegenden Streckenabschnitt, der auf dem Foto auf Seite 9 zu sehen ist, passiert haben. Je deutlicher, abwechslungsreicher und näher am Vorbild die farblichen Spuren von Betriebsabläufen auf Gleisen und deren Umgebung im Modell sind, desto überzeugender wird das Dargestellte auf den Betrachter wirken.

Weichen, Betriebsspuren und Grenzzeichen

1.2-01 Realistische Effekte mit der Sprenkelkappe. In vielen Bereichen von Anlagenbau und Landschaftsgestaltung ist die Sprenkelkappe für den Airbrush gut zu gebrauchen. Dazu gehören z. B. feinste Differenzierungen bei Sand- und Grünflächen sowie die Darstellung von Umweltsünden wie auf diesem H0-Schmalspursegment. Bodenverunreinigungen, beim Vorbild verursacht durch Be- und Entladen oder Versorgen und Warten von (Dampf-)Lokomotiven, schaffen ein realistisches, lebendiges Umfeld. Der ölignasse Glanz des verschmutzten Gleisbettes wird im letzten Arbeitsgang mit klarem Glanzlack gesprenkelt. Nicht vergessen: Auch nach diesem Arbeitsgang müssen die Schienenköpfe möglichst rasch gesäubert werden, damit die Gleise einwandfrei befahrbar bleiben.

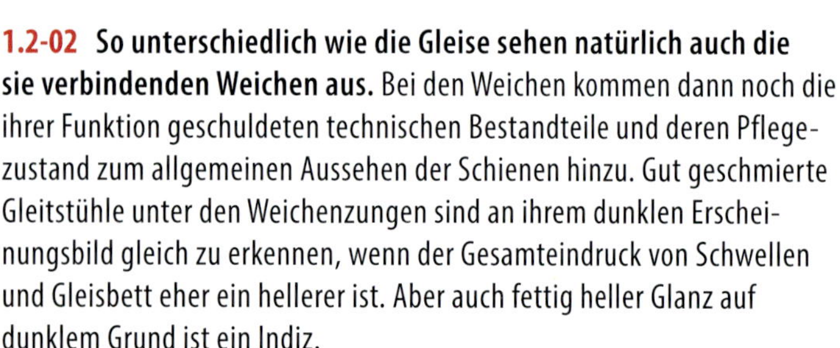

1.2-02 So unterschiedlich wie die Gleise sehen natürlich auch die sie verbindenden Weichen aus. Bei den Weichen kommen dann noch die ihrer Funktion geschuldeten technischen Bestandteile und deren Pflegezustand zum allgemeinen Aussehen der Schienen hinzu. Gut geschmierte Gleitstühle unter den Weichenzungen sind an ihrem dunklen Erscheinungsbild gleich zu erkennen, wenn der Gesamteindruck von Schwellen und Gleisbett eher ein hellerer ist. Aber auch fettig heller Glanz auf dunklem Grund ist ein Indiz.

1.2-03 Bei einer anderen Weiche, aus der Nähe betrachtet, ist die Konsistenz der Schmierung gut sichtbar. Zugleich ist auch ein Unterschied augenfällig: Bei dieser weniger befahrenen Weiche im Bereich eines Bahnbetriebswerks ist das Schmiermittel nur direkt auf dem Gleitstuhl zu finden. Gleitstühle auf den Schwellen geben der Weichenzunge die notwendige Unterstützung zur Aufnahme senkrechter Belastung. Die horizontale Bewegung der Weichenzunge muss natürlich unter allen (Witterungs-)Bedingungen reibungslos funktionieren.

1.2-04 Betriebsspuren entstehen natürlich erst, wenn Betrieb stattfinden kann. Also werden auch die Modellbahnweichen *(TILLIG H0-ELITE-Gleissystem)* zuerst verlegt und eingeschottert, die Schienen der Weichen erhalten ihren jeweiligen Rostton zusammen mit den anliegenden Gleisen. Nun lassen sich auf den Weichen zuätzliche Betriebsspuren originalgetreu wiedergeben. Für die Darstellung des Schmierfetts ist es an dieser Stelle hilfreich, zuerst zu schauen, ob Schotter und Schwellen hell genug sind, um einen ausreichenden Kontrast zu gewährleisten. Im Zweifelsfall hilft ein »unmerkliches«, in die anschließenden Gleise weich verlaufendes Aufhellen mit dem Airbrush, der dabei senkrecht (!) geführt wird (die Schienenköpfe gleich anschließend wieder freiwischen!).

1.2-05 »Gefettet« werden die Gleitstühle mit dem Airbrush. Das dunkel glänzende Aussehen der gefetteten Gleitstühle entsteht durch ein Überspritzen dieser mit dem Airbrush und einem dunklen Anthrazit. Die Breite des Sprühstrahls darf die Breite eines Gleitstuhls nicht übertreffen, weshalb aus sehr kurzer Distanz gespritzt wird. So, wie der Rost entlang der Schienen nicht scharf begrenzt ist, zieht das Schmierfett seitlich weg – der Airbrush ist also auch aufgrund der weichen Sprühstrahlbegrenzung das Werkzeug der Wahl. Natürlich kann auch hier die Darstellung der Schmierung mit Hilfe einer Maske auf den Gleitstuhl begrenzt bleiben. Der Farbauftrag muss in jedem Fall sehr dünn ausfallen, damit die Modellbahnweiche nicht in ihrer Funktion beeinträchtigt wird. Der Glanz zeigt sich besonders im Gegenlicht.

1.2-06 Auf den im Schatten liegenden Flanken der Gleitstühle wirkt das dunkle Anthrazit schwarz. Beim Verwenden einer für den Modellbau geeigneten Acrylfarbe gilt es vorab zu schauen, ob der Farbauftrag den gewünschten Glanz bekommt. Ist dies nicht der Fall, kann das »Verdünnen« des Anthrazits mit Bindemittel resp. glänzendem Klarlack helfen. Allerdings mag es bei einigen Modellbahnweichen durchaus der Fall sein, dass selbst ein sehr feiner Farbauftrag die Bewegung der Weichenzungen hemmt, also genau das Gegenteil vom dargestellten Fett bewirkt. Deshalb ist es wichtig, unmittelbar nach dem Einfärben der Gleisstühle die Weiche zu betätigen und ihre einwandfreie Funktion zu überprüfen. Gegebenenfalls muss die Farbe dann mit einem geeigneten Verdünner wieder abgewaschen werden.

1.2-07 Weichensignale stehen immer nah am rollenden Material. Vieles von dem, was von vorbeifahrenden Schienenfahrzeugen an die Umwelt abgegeben oder von ihnen aufgewirbelt wird, landet also unweigerlich auch auf den Weichensignalen.

Weichensignale gibt es in vielen Bauarten, die ihrer jeweiligen Entstehungszeit und damit ihrer ersten technischen Ausrüstung geschuldet sind. Allen Weichensignalen gemeinsam ist, dass ihre Signallaternen aus Blech bestehen.

1.2-08 Ein schwarzer Schutzlack auf dem Blechkasten sorgt nach außen hin für Rostschutz. Dieser schwarze Schutzlack, beim großen Vorbild im Auslieferungszustand satt glänzend, wird schon nach kurzer Betriebsdauer des Weichensignals matt und heller erscheinen. Zwei in das Foto eingefügte Vergleichsflächen (Schwarz/Weiß) zeigen dies. Auch die Signalgläser, welche aus Milchglasscheiben bestehen, sind keineswegs mehr rein weiß. Im Modell überzeugt ein dunkles Anthrazit als Grundfarbe für den Blechkasten der Signallaternen. Auf der Oberseite des Weichensignals wird dieses Anthrazit dann aufgehellt.

1.2-09 Sowohl das Licht- wie die Formsignale sind neueren Datums. Sie sind in einer ganz anderen Betriebsstelle zu finden und unterscheiden sich farblich doch nur unwesentlich von den beiden vorher angeschauten. Mitbestimmend für das Maß der Aufhellung ist in beiden Fällen natürlich auch die Lichtperspektive, im Modellbau als *Scale Effect* bezeichnet (vgl. Kap. 2-9 *Exkurs: Der Scale Effect* ab S. 99).

1.2-10 Ein 2-fach gekantetes Blech dient als Weichensignal einer ortsgestellten Weiche im Bahnbetriebswerk. Auch hier ist kein Schwarz auf dem Signalblech zu sehen, dafür eine Vielfalt grauer, gelber und brauner Farbnuancen inklusive verschiedener Rost- und Moostöne. Im Modell sind für die Darstellung dieser Farbnuancen feinste Farbaufträge gefragt, für die der Airbrush als Werkzeug unentbehrlich ist. Durch das abwechselnde und lasierende Überspritzen mit sorgfältig abgestimmten Farbtönen kann ein Weichensignal entstehen, das diesem Vorbild überzeugend gleichkommt.

1.2-11 Ramponiertes durch Farbe glaubhaft betonen. Das fehlende Dach des Weichensignals sowie die Tatsache, dass hier einiges nicht mehr so ganz im Lot ist, mag dazu ermutigen, manch beschädigtes Einzelteil nicht gleich von der Anlage zu verbannen. Entsprechende Farben zur realistischen Gestaltung sind Grau, Braun, Rostbraun, Bordeauxrot und Orange. Auf der gegenüberliegenden Gleisseite steht ein Grenzzeichen. Diesem Signal werden wir jetzt Beachtung schenken.

1.2-12 Zu den Weichen gehören Grenzzeichen (Signal Ra 12). Sie zeigen die Grenze eines sicheren Gleisabstands von 3,5 Metern an, im H0-Maßstab also von 4 cm, und sind mittig zwischen zwei in einer Weiche zusammenlaufenden Gleisen platziert. Grenzzeichen haben einen stehenden, zylindrischen Grundkörper, der nach oben halbkugelförmig abschließt und auf einer Stange montiert ist. Vier senkrechte, sich abwechselnde Farbfelder in Rot und Weiß laufen in seinem Scheitelpunkt spitz zu.

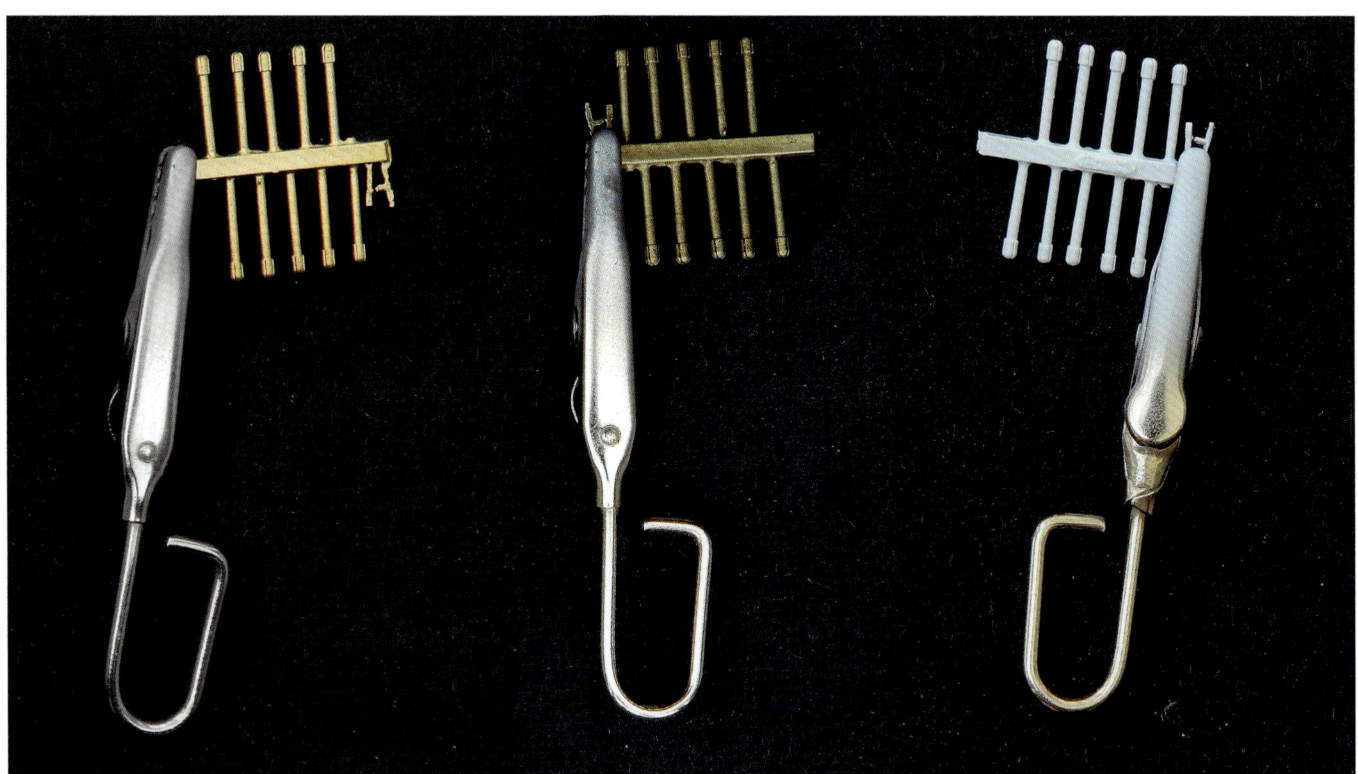

1.2-13 Stabile und leicht auszuwechselnde Grenzzeichen erweisen sich für die Modellbahn als sinnvoll. Die hier verwendeten Grenzzeichen aus Metall (Weinert) sind selbst zu bemalen und werden nach dem Bemalen fest in eine stramm passende Bohrung gesteckt, ohne geklebt zu werden. Somit lassen sie sich problemlos austauschen, wenn sie aus Versehen beschädigt wurden, was gerade beim Reinigen der Schienen schnell passieren kann.

Der Beipackzettel weist darauf hin, dass die einzelnen Farbfelder zur Erleichterung des Bemalens außen Rillen besitzen, die die einzelnen Farbfelder gegeneinander abgrenzen. Damit diese Arbeitshilfen nicht verloren gehen, darf die Schichtstärke von Grundierung und Grundfarbe (= gebrochenes Weiß) nicht zu stark ausfallen. Mit dem Airbrush stellt dies an sich kein Problem dar. Verwendet wurde die transparente, dunkel abgetönte Grundierung, die schon für die Schienen gebraucht wurde. Ein gebrochenes Acrylweiß folgte nach dem Durchtrocknen der Grundierung. Gehalten wurden die Grenzzeichen, die zum Bemalen am Gießast verbleiben, mit einer Krokodilklemme, die sich später mit Aceton reinigen lässt.

1.2-14 Aus der Nähe betrachtet sind die Rillen gut zu sehen. Wenn keine durchscheinenden Stellen im Farbauftrag zu entdecken sind – was sich durch Nachspritzen schnell beheben ließe – und alle Farbschichten gut durchtrocknen konnten, folgt mit den roten Streifen der kniffligste Teil des Bemalens.

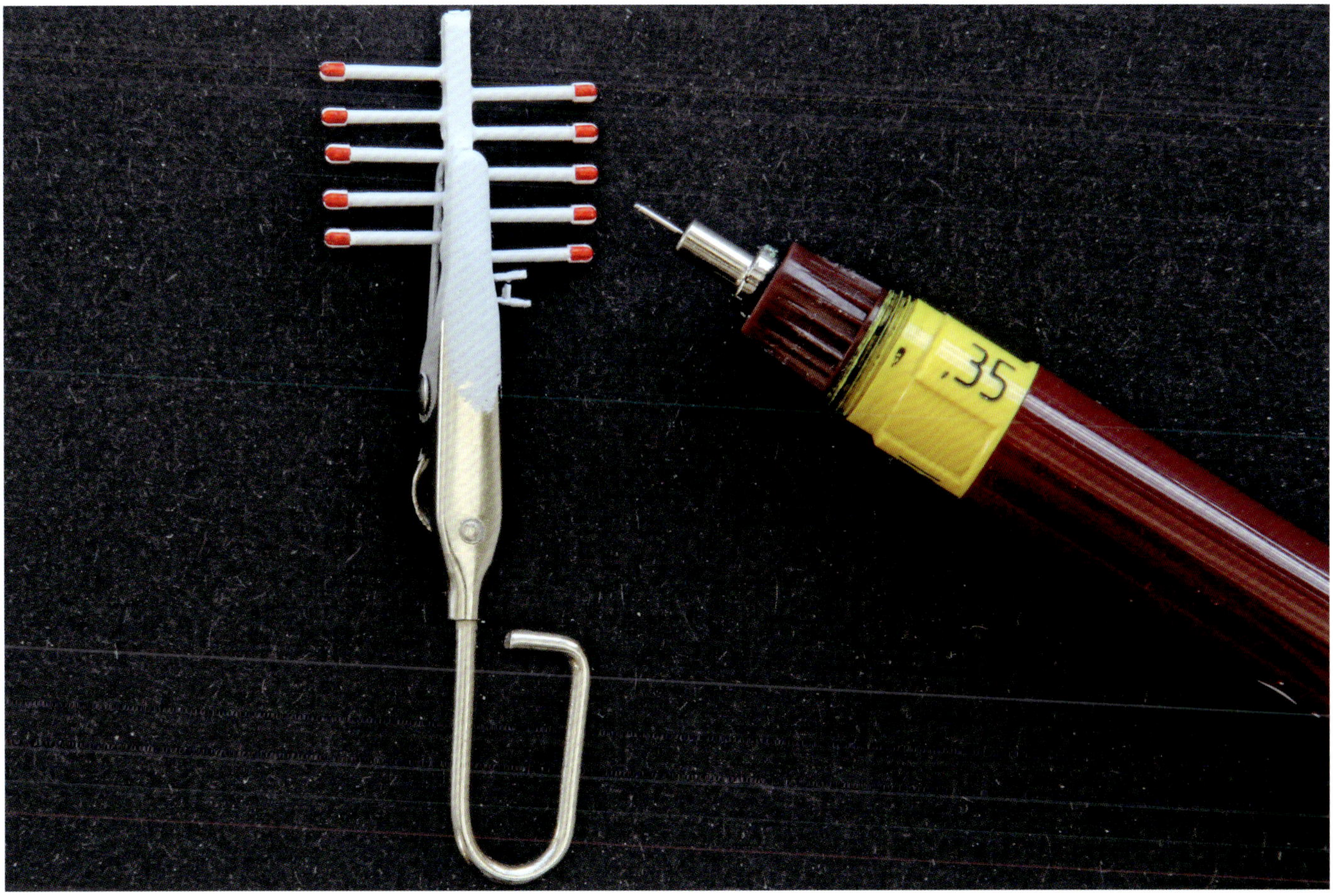

1.2-15 Ein Tuschefüller (*Isograph*) kann den letzten Schritt des Bemalens sehr erleichtern. Bei einigen hochwertigen Airbrushfarben findet sich bei den Verarbeitungshinweisen der Hinweis auf Tuschefüller oder -feder als geeignetes Arbeitsgerät. Mit ihrer konstanten Strichstärke bieten Tuschefüller, ein wenig Übung vorausgesetzt, sicheres Arbeiten dort, wo der Umgang mit sehr feinen und ebenso guten Pinseln mehr Könnerschaft erfordert. Das Anlegen der roten Felder ist nur eine der vielfältigen Verwendungsmöglichkeiten von Tuschefüllern und -federn, die sich gerade auch im Architekturmodellbau auftun werden.

1.2-16 Erst beim näheren Hinschauen sind die eingesetzten Grenzzeichen zu entdecken. Im Modellbahnbetrieb bewusst gesucht, erfüllen sie ihre Aufgabe bestens – beim Reinigen der Schienen werden sie jedoch schnell einmal übersehen. Um die Farbaufträge auf den Grenzzeichen so gut wie möglich vor mechanischen Beschädigungen zu schützen, wurden die Köpfe der Grenzzeichen nach dem Durchtrocknen zusätzlich in Mattlack getaucht. Diese »Lacktropfen« verleihen den Farbaufträgen nach ausreichender Trockenzeit (ruhig zwei bis drei Tage) noch etwas mehr Widerstandsfähigkeit und fallen optisch nicht als solche auf.

Prellböcke

1.3-01 Auf einer Vielzahl von Prellböcken sind Rosttöne in allen erdenklichen Varianten zu finden. Abhängig vom Standort und den Betriebsbedingungen sind die Beanspruchungen, die ein Prellbock am Ende eines Stumpfgleises auszuhalten hat, ganz verschieden, und von daher sind auch die Bauweisen sehr unterschiedlich. Wir finden nachgiebige und nicht nachgiebige Gleisabschlüsse aus Eisen und Holz sowie starre Konstruktionen aus Holz und Stein oder Beton. Eisen und Holz bedürfen der Pflege, die im Kontext der betrieblichen Gegebenheiten aber meist keinen Vorrang besaß oder besitzt.

Gerade neu aufgestellt mögen Prellböcke der großen Bahn für eine Weile wie »aus dem Katalog« aussehen. Ein Modell, das einen neuen Prellbock darstellen soll, wird aber erst dann als »richtig« empfunden, wenn seine Plastizität auch farblich maßstabsgerecht betont wird. Desgleichen gilt für neu gestrichene wie für verrostete Prellböcke.

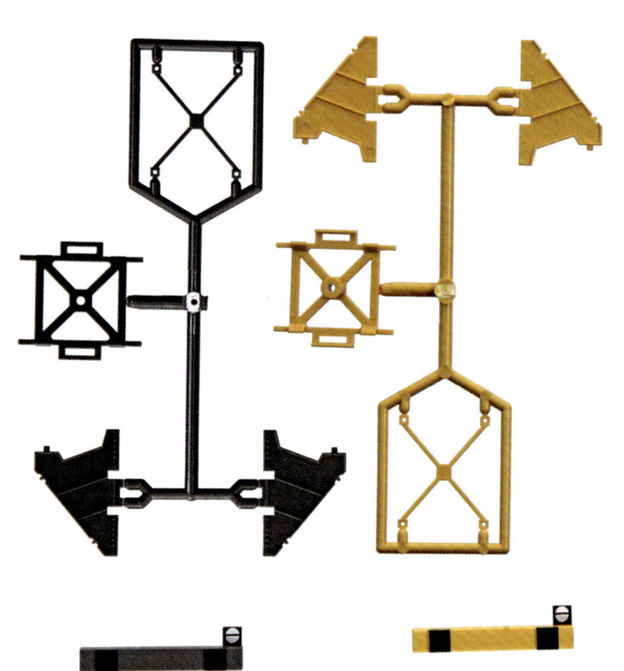

1.3-02 Für einen Prellbock wie den eben gezeigten gibt es einen Modellbausatz ***(TILLIG)*** **in zwei Farbvarianten.** Sowohl der graue wie auch der gelbe Kunststoff liefert einen brauchbaren Grundfarbton für die Darstellung eines Prellbocks in vielen Erhaltungszuständen. Der Bausatz selbst besteht aus wenigen Bauteilen, die sich gemäß Bauanleitung schnell auf einem Gleisstück zusammensetzen lassen. Die Seitenwände zeigen nur auf ihrer Außenseite die Schraubenreihe entlang der Schiene, sodass diese Bauteile nicht vertauscht werden dürfen!

Um die Schattenpartien und Details wie die Pufferbohle farblich sauber begrenzt akzentuieren zu können, ist es empfehlenswert, vor dem Zusammenbau des Prellbocks mit der farblichen Gestaltung zu beginnen. Die Bauteile können dafür an ihrem Gießast verbleiben und lassen sich somit beim Bearbeiten mit dem Airbrush gut halten. Lediglich die Prellbohlen/Pufferbohlen sind dem Bausatz lose beigelegt.

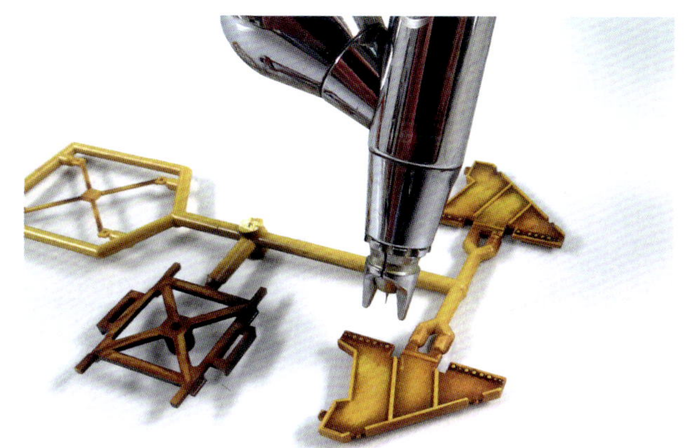

1.3-03 Sehr feine Farbaufträge mit dem Airbrush sind nun gefragt. Um all dies ohne störende Farbspuren fotografieren zu können, liegt der Gießast hier auf einer gerade ausgetauschten, sauberen Arbeitsfläche. Mit einem Luftkopf, der den auftreffenden Luftstrom des Farbauftrags seitlich abfließen lässt, ist es prinzipiell möglich, auch unmittelbar an die zu bearbeitende Oberfläche heranzugehen. Dabei gilt es, »trocken« zu spritzen – es darf kein nasser Farbauftrag entstehen, bei dem flüssige Farbe dann seitlich weggedrückt werden könnte. Variierende Spritzabstände und unregelmäßige Farbaufträge hingegen verstärken am Ende ein realistisches Aussehen der Prellbockelemente.

1.3-04 Eine ganze Reihe unterschiedlicher Techniken zur farblichen Gestaltung lässt sich an diesen Bauteilen ausprobieren. So ist das »Freiwischen« erhabener Strukturen, unmittelbar nach dem Farbauftrag mit dem Airbrush, eine Option. Eine solche Vorgehensweise hat sich für die Betonung von Holzstrukturen auf Kunststoffschwellen bewährt, sodass dort eine überzeugende Anmutung von Holzschwellen entstehen kann. Auf den Pufferbohlen ermöglicht eine Gravur mit einer einfachen Gravurnadel vergleichbare Ergebnisse.

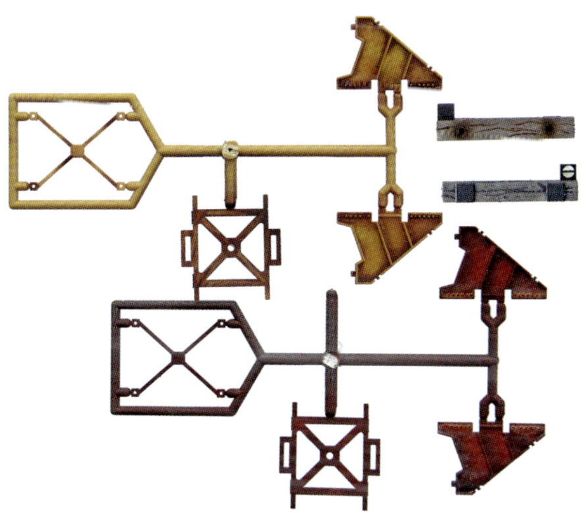

Der dunklere Rostton wirkt durch Unregelmäßigkeiten im feinen Spritzbild auf dem hellen Kunststoff noch lebendiger. Das nachfolgende Gegenspritzen mit einem Farbton, der dem des Kunststoffs sehr ähnlich ist, bildet ab, wie sich der Rost langsam durch den Anstrich frisst. Wichtig ist, dass alle nach dem Zusammenbauen des Prellbocks im Schatten liegenden Flächen diesen Schattenton schon vorab zeigen – also im Vergleich zu den nach außen zeigenden Flächen dunkler erscheinen – um dem Prellbock die notwendige Plastizität zu verleihen. Die Rückseiten der Signaltafeln Sh 0 »Halt! Fahrverbot« gilt es zusammen mit den Seiten der Tafeln schwarz einzufärben, bevor das Reflektorweiß gebrochen und das Schwarz scalegerecht aufgehellt wird. Mit aufgehellt werden dabei auch die schwarzen Pufferplatten vorn auf den Pufferbohlen. Während die Rückseite und die Seiten der Signaltafel mit dem Airbrush ihren »schwarzen« Anstrich bekommen, schützt Maskierband die Prellbohle vor ungewolltem Farbauftrag (vgl. dazu ggf. 2.5-10 auf Seite 61). Der Prellbock aus grauem Kunststoff erhält sein zukünftiges Aussehen in ähnlicher Weise. Da die dunkle Grundfarbe eine gute Basis für einen dunklen Rostton bietet, die Bauteile also nur wenig Farbauftrag für das gewünschte Ergebnis brauchen, wurde diese Variante zur Darstellung eines vollkommen rostigen Prellbocks gewählt.

1.3-05 Die Farbaufträge müssen sicherstellen, dass jeglicher »Plastikglanz« auf den Kunststoffteilen verschwindet. Werden im Airbrush flüssige Acrylfarben verarbeitet, so können diese aber Abstufungen eines seidenmatten Glanzes zeigen. Mit einem passenden feinen Mattlackauftrag lassen sich daraus stumpfmatte (Rost-)Partien erzeugen. Wer einen für feinste Spritzarbeiten geeigneten Airbrush gut beherrscht, kann damit also auch die Übergänge zwischen restglänzenden Anstrichen, Roststellen und Schmutzablagerungen nachbilden.

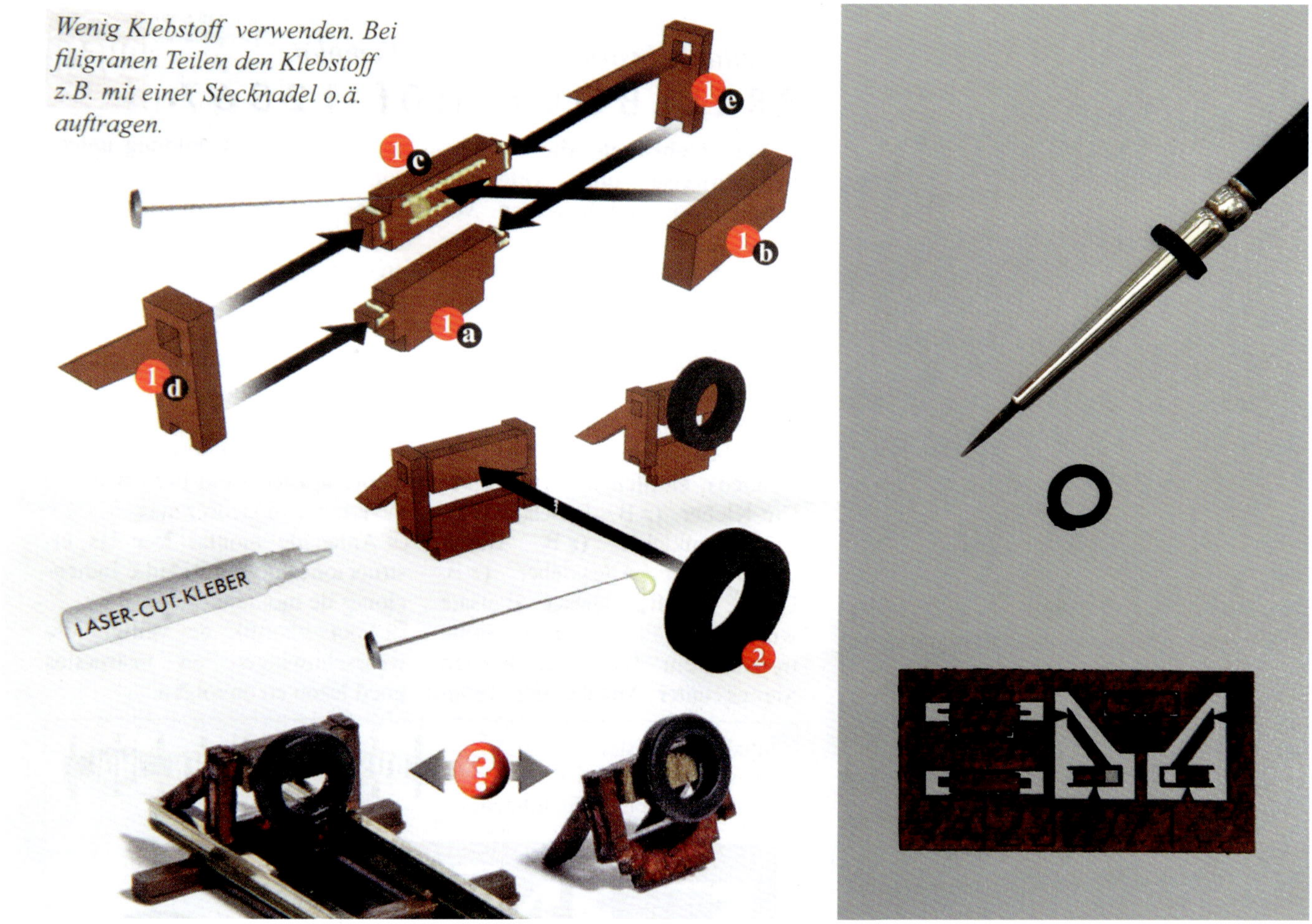

Wenig Klebstoff verwenden. Bei filigranen Teilen den Klebstoff z.B. mit einer Stecknadel o.ä. auftragen.

LASER-CUT-KLEBER

1.3-06 Auch Holz und andere, für die Herstellung von Lasercut-Modellen relevante Materialien lassen sich für den Prellbockbau verwenden. Hinsichtlich der Farbgebung mit dem Airbrush dürften bei diesen Baumaterialien keine besonderen Schwierigkeiten zu erwarten sein. Die obere Bohle des kleinen Prellbocks (*BUSCH*, H0i) bekommt gemäß der Abbildung auf der Bauanleitung eine hellere Holzfarbe. Im Zentrum des später dort angebrachten alten Autoreifens liegt eine Schattenzone, die abgedunkelt wird. Um dem Reifen rundum die scalegerechte Farbe verwitterten Gummis oder den Anschein eines mit Farbe sichtbarer gemachten Altpneus verpassen zu können, steckt er auf einer runden Pinselzwinge. Der zusammengebaute Prellbock erfährt abschließend eine Aufhellung von oben.

1.3-07 Dort, wo jetzt der Schatten des Prellbocks liegt, gehört vorher ein leichter »Schattenfleck« hin. Dieses Schattieren verstärkt dann unter dem Prellbock das Aussehen des tatsächlichen Schattens scalegerecht (quasi als Gegenstück zum Aufhellen des zusammengebauten Prellbocks von oben), wenn dieser dort aufgebaut ist und das Gleisende sichert.

1.3-08 Für einen Farbauftrag auf Metallmodellen bedarf es einer speziellen Grundierung. Beim Zusammenkleben und/oder Zusammenlöten der Bauteile darf aber weder Grundierung noch Farbe auf den zu verbindenden Flächen vorhanden sein. Die Optionen lauten also: Entweder werden die Modellteile erst zusammengefügt und dann grundiert, oder die Farbschichten werden an den betroffenen Stellen wieder vollständig entfernt. Bei diesem Prellbockmodell fiel die Entscheidung zugunsten des Grundierens nach dem Zusammenbau, da die zu verbindenden Flächen sehr klein sind und damit die Wahrscheinlichkeit, dass blanke Stellen nach dem Zusammenfügen sowieso noch abzudecken sind, groß ist. Wie fein die Bauteile sind, wird im Vergleich mit der kleinen Klebstofftube rasch deutlich. Die Tube ist annähernd 5 cm hoch. Jedes Seitenteil besteht aus sieben Elementen, die mit diesem Sekundenkleber verbunden wurden. Die maßstäbliche Zeichnung dient als Montagehilfe. Eine Prellbohle, die aus weiteren Gußteilen besteht und rückseitig isoliert ist, verbindet zum Schluss die Seitenteile.

1.3-09 Das Zusammenfügen der blanken Prellbockteile mit Sekundenkleber bietet vor dem Grundieren zudem die Option, leichter korrigieren zu können. Mit Aceton lassen sich die verklebten Bauteile wieder voneinander lösen, wenn etwas noch der Nacharbeit bedarf, ohne dass die Einzelteile dadurch beschädigt werden oder aufwendig von Farbresten zu befreien sind.

Dieser Prellbock ist eine private Einzelanfertigung für den Autor, graviert und gegossen von Angela Friedl. Ähnliche Bausätze sind im Handel erhältlich. Die Empfehlung, nach dem Zusammenbau zu grundieren, gilt letztlich für alle Modellbausätze, die aus Metallbauteilen dieser Größenordnung bestehen.

1.3-10 Es gibt einige gut spritzbare Grundierungen für Metalloberflächen. Erste Voraussetzung für eine gute Spritzbarkeit dieser Produkte ist, dass wirklich die dazugehörigen Spritzverdünner des jeweiligen Herstellers eingesetzt werden. Die Entscheidung für ein bestimmtes Produkt sollte stets auf Erfahrungswerten mit dieser Grundierung und/oder auf entsprechenden Vorversuchen fußen. Verarbeitungstechnische Aspekte geben den Ausschlag bei gleich guten Hafteigenschaften. Griff-, Wisch- und Stoßfestigkeit, also die Hafteigenschaften der unterschiedlichen Grundierungen, können je nach Produkt zwischen unterschiedlichen Metalloberflächen variieren. Aussagekräftig sind Vorversuche natürlich erst dann, wenn die jeweilige Grundierung komplett durchgetrocknet ist. Und: Sehr wichtig ist, dass der Airbrush sofort nach dem Auftragen der Grundierung (für Metalloberflächen!!!) sorgfältigst gereinigt wird.

1.3-11 Für die farbliche Fertigstellung des grundierten Prellbocks kommen alle gängigen Techniken in Frage. Beim Einsatz von »Washes« ist natürlich darauf zu achten, dass Produkte verwendet werden, deren Lösungsmittel die Grundierung auf dem Metall – und gegebenenfalls darüber liegende Farbschichten – nicht angreifen kann. Hinsichtlich des Oberflächenglanzes gilt selbstverständlich das schon zu den Kunststoffbausätzen Gesagte. Auch die Schwellen gilt es dabei nochmals genau anzusehen, denn sie bekommen zusätzliche Farbaufträge, da ihr Aussehen sich im Umfeld eines Prellbocks natürlich verändert. Matter Klarlack schafft Abhilfe.

1.3-12 Das Gleis unter und vor dem Prellbock ist rundherum verrostet. Da das Stumpfgleis bis an den Prellbock heran genutzt wird, geht der Rost schon direkt vor der Pufferbohle in den blanken Schienenkopf über. Auch hier gilt es natürlich die Schiene zuerst zu grundieren. Die angesprochenen Grundierungen sind klar oder haben verschiedene Eigenfarben mit Farbnamen, die zum Teil etwas gewöhnungsbedürftig für den Modellbahner sein könnten, wie beispielsweise »Desert Sand Primer«. Verschiedene Farbtöne können sich durchaus auch beim gleichen Anbieter im Sortiment befinden, sodass bei entsprechenden, übereinstimmend guten Hafteigenschaften eine Auswahlmöglichkeit besteht. Dies hat den Vorteil, dass nachfolgende Farbaufträge im Einzelfall nur noch wenig deckend sein müssen.

1.3-13 Eine weitere interessante Vorlage ist das Foto dieser verstärkten Prellbockvariante. Für die Umsetzung der Rost- und Schmutzspuren um die Schraubenköpfe und Muttern herum kommt beim Modell die Technik des *Pin Washings* (wieder ein gängiger Begriff aus dem Modellbau) in Betracht. »Pin« steht als Kurzform für »Pin-point« und verweist auf die Spitze der Stecknadel als Maßstab. Bei dieser Technik fließt ein Tropfen der Wash-Flüssigkeit aus einem sehr feinen Künstlerpinsel über das erhabene Bauteil seitlich herunter und verbleibt in der Kante zur umliegenden Oberfläche. Je nach Stärke der Verschmutzung und des Rostbefalls lässt sich dies nach kurzem »Anziehen« der Farbe wiederholen. Rostige oder schmutzige Laufspuren nach unten entstehen, indem nach einer kurzen Trockenphase ein feiner, mit Verdünnung getränkter Pinsel das vorhandene Washing wieder etwas anlöst und nach unten zieht. Wie bei allen Washings ist natürlich wieder darauf zu achten, dass die Basisfarbe des Modells nicht durch die Wash-Farbe angelöst werden kann.

Bewusst aus den Blickwinkeln eines maßstäblich verkleinerten »Ich« (im Maßstab H0 = 1:87 wäre dies also aus der Perspektive des legendären »Preiserleins«, dessen Verwandte auch in den Nenngrößen 0 und 1 herumstehen) sind die Gebäudefotos vom Modell der Buchdruckerei Gillespie & Hammerstein entstanden. Aus dieser Perspektive muss alles »richtig« aussehen, also auf den Fotos vom Modell einem möglichen Vorbild täuschend ähnlich sein. Das Modell selbst ist noch nicht in das vorgesehene Gebäudeensemble eingefügt, steht frei auf dem Tisch und lässt sich so gut fotografieren. Die hier wiedergegebenen Fotos zeigen alle das Modell und nicht etwa Bildmaterial von einem großen Vorbild. Diese Impressionen sollen zu allererst einmal Lust aufs Gestalten und neugierig auf das Ausprobieren verschiedener Arbeitstechniken machen. Eine ganze Reihe von Vorgehensweisen und Hintergrundinformationen liefern dafür die anschließenden Kapitel. Von dort aus lässt sich dann immer wieder zu diesen Aufnahmen zurückblättern und das Gelesene überprüfen.

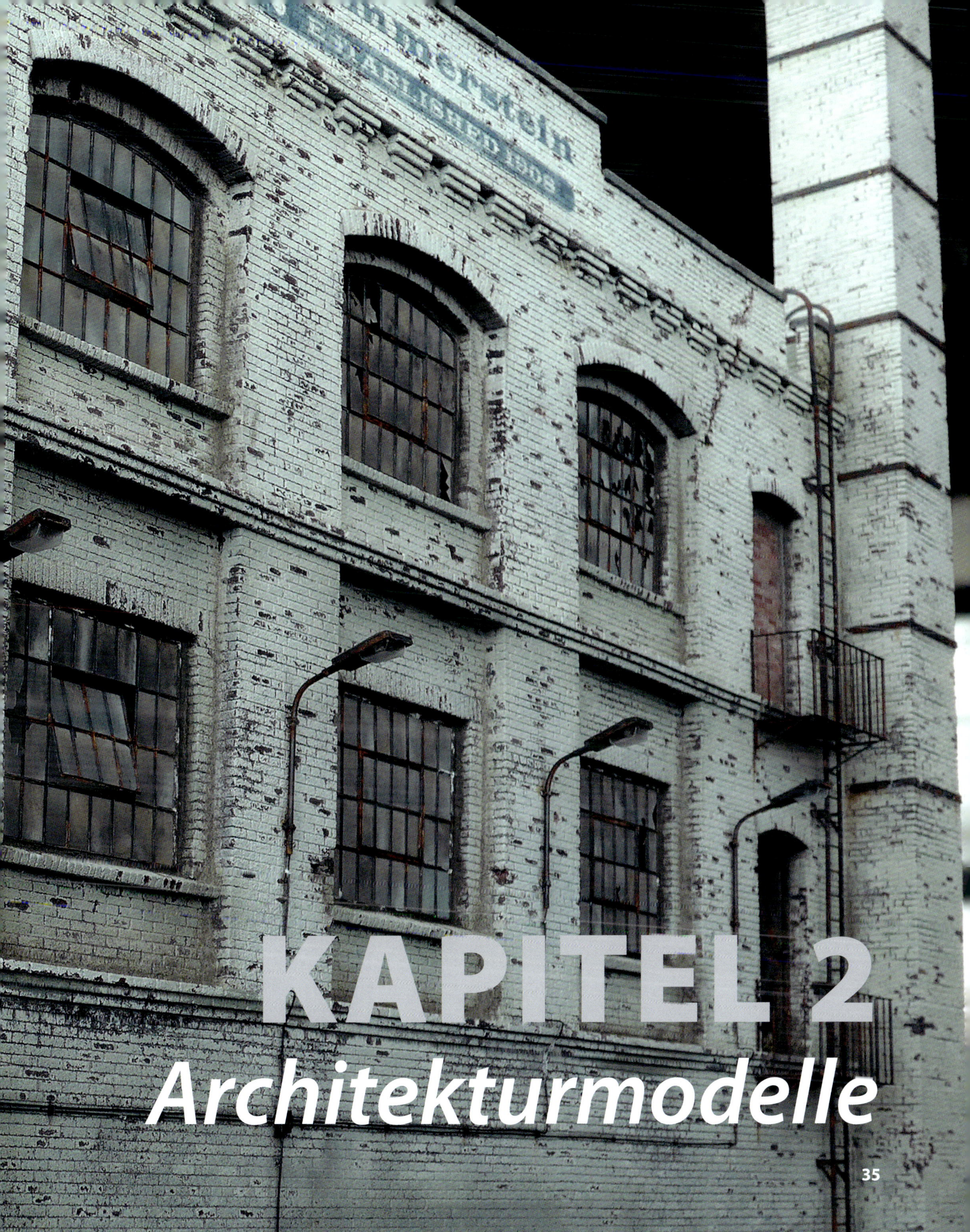

KAPITEL 2
Architekturmodelle

Anschauungsmaterial – eine Industriefassade

2.1-01 Die Ansicht der Fassade im Ganzen zeigt, wo die Details der folgenden Nahaufnahmen zu finden sind. Bauweise, Alter, Nutzung, Umwelteinflüsse und Pflegezustand sind nicht nur beim rollenden Material und bei den Gleisanlagen, sondern natürlich gerade beim Gebäudemodell mit die maßgeblichen Gestaltungskriterien. Der Farbgebung kommt dabei eine Schlüsselrolle zu. Als Einstieg in dieses Thema soll die Königsdisziplin des Architekturmodellbaus dienen. Mit Königsdisziplin ist die komplette Konstruktion und Herstellung einer Einzelanfertigung gemeint, also eines Gebäudemodells, für das vielleicht ein reales Vorbild »in groß«, aber kein Bausatz zur Verfügung steht und das in erster Linie auf den Basisbaumaterialien Plastik (Plasticsheet), Kunststoff, Metall (Fotoätzteile), Holz und Karton aufbaut. Im Modellbau wird dies als Scratchbau (*englisch*: scratch building) bezeichnet. Das Maßstäbe setzende Modell der Buchdruckerei *Gillespie & Hammerstein • BOOK PRINTERS • ESTABLISHED 1908* hat Harald Weber (†) gebaut.

2.1-02 Je geringer der Abstand zum Gebäude wird, desto mehr wird der Detailreichtum offenbar. Dieser Detailreichtum gibt präzise Auskunft über die Bauweise und den Erhaltungszustand einer Industriearchitektur, erlaubt aber nur sehr begrenzt eine zeitliche Zuordnung. Das Vorbild könnte Anfang des 20. Jahrhunderts, vielleicht sogar schon um die Jahrhundertwende, gebaut worden sein. Das Bauwerk ist nach seiner Fertigstellung dennoch nahezu zeitlos, denn in vieler Hinsicht könnte es einerseits schon wenige Jahre nach seiner Entstehung durch Kriegsfolgen, Wirtschaftskrisen oder Missmanagement so ausgesehen haben, wie es dasteht, andererseits zu den »Lost Places« der Gegenwart gehören. Als heruntergekommene Industriearchitektur ist ein solches Modell also aus Sicht des Modellbahners auf Anlagen/Modulen für alle Epochen einsetzbar.

2.1-03 Von der nicht verputzten Ziegelwand blättert die Farbe ab. Fensterscheiben sind kaputt, im oberen Stockwerk zieht sich ein großer Riss durch die Außenwand in Richtung Fensternische und über die untere Feuertür zieht sich der Rost. Gleiches gilt für die inneren Fensterrahmen, wo sich »in der großen Welt«, vielleicht auf Grund von Temperaturunterschieden und Undichtigkeiten, Rost durch Kondenswasser gebildet hat. Rostspuren laufen von den Ecken der Ausstiege für die Feuerleiter die Außenwand hinunter. Der obere Notausgang wurde nachträglich einfach zugemauert – auf dem Modell sind die variierenden Rotschattierungen der einzelnen Mauersteine nebst den Fugen akkurat wiedergegeben (vgl. hierzu auch das folgende Kapitel).

2.1-04 Selbst wenn eine Nahaufnahme Modellteile deutlich vergrößert zeigt, wirkt alles absolut realistisch. Hier sind es der mitgenommene Anstrich der Metalltür und die Rostflecken, die in der Vergrößerung durch ihre präzise Wiedergabe in gleichem Maße überzeugen. Bemerkenswert ist zudem die Wiedergabe der Niete und besonders des Türknaufs (!). Die Rosttöne auf den Geländerstäben, der Wildwuchs vor der Tür und weitere Details, wie die übermalten Fugen, fallen daneben kaum noch auf, obwohl auch sie Beachtung verdienen.

2.1-05 Diese Türöffnung ist tatsächlich mit einer richtigen kleinen Mauer verschlossen. Eine »richtige kleine Mauer« soll heißen, dass der Notausgang zur Feuerleiter mit einzelnen kleinen Ziegeln vorbildgerecht zugemauert wurde. Dadurch, dass sich diese Steine schon durch ihre unterschiedliche Färbung voneinander abheben und zwischen ihnen eine echte Fuge liegt, wirkt dies täuschend echt im Hinblick auf ein großes Vorbild.

Die Frage, ob die für den Modellbau benötigten Ziegel besser selbst hergestellt oder fertig zugekauft werden sollen, mag jeder für sich beantworten – möglich ist beides. So bietet zum Beispiel der Hersteller *Juweela* in allen Eisenbahnmaßstäben entsprechende Mauersteine aus Keramik an. Im Maßstab H0 besitzen die Ziegel in unterschiedlichen Farben die Abmessungen 0,28 x 0,13 x 0,08 cm (lt. Herstellerangaben).

2.1-06 Da die Zahl der benötigten Ziegel in diesem Fall noch übersichtlich ist, stellt auch die Menge kein Problem beim Variieren der Farbgebung dar. Brauchbar sind dafür viele Farbmittel aus dem Modellbau, solange sie den Steinen keinen unrealistischen Glanz verleihen. Sollen Ziegel Farbe bekommen, so lassen sich diese auf Kreppband, dessen klebende Seite nach oben zeigt, andrücken und dort überspritzen.

Mit Hilfe kleiner Streifen aus *Plastic Sheet* entsteht dann die Mauer, wie hier die Arbeitsprobe zeigt. Die dünnen Plastikstreifen gewährleisten auf der Mauerrückseite, dass sich die Ziegel in gleichem Abstand zueinander verkleben lassen. Von vorn wird verfugt – auch die Farbe der Fuge ist wichtig (!) – sobald die Verklebung fest ist.

2.1-07 Auch der Blick auf die Fassade von unten nach oben ist aufschlussreich. Das Besondere aus dieser Perspektive sind die Fensternischen und Gesimse, die hier eine absolut realistische Plastizität besitzen. Dies ist insofern bemerkenswert, als dass sie im Modell schnell flach wirken können, weil ihnen die tatsächliche Tiefe fehlt. Grund dafür ist die vergleichbare Helligkeit der Lichtquellen, wenn ein großes Vorbild und ein Modell unter Tageslichtbedingungen betrachtet werden. »*Scale Effect*« und »Schattentiefe« sind die diesbezüglichen Stichworte (s. den Exkurs auf Seite 99).

2.1-08 Auch die entgegengesetzte Blickrichtung bestätigt die Beobachtungen zur Plastizität. Das von oben kommende Licht lässt die Fensterbänke und die Oberseiten der Gesimse heller erscheinen. Zu den genannten Stichworten »*Scale Effect*« und »Schattentiefe« kommt das »*Zenithal Lighting*« hinzu (s. den Exkurs auf Seite 100).

Das Augenmerk soll hier aber auf den Fenstern liegen, deren Scheiben scheinbar das Himmelslicht beziehungsweise das von benachbarten Gebäuden reflektierte Licht widerspiegeln. Diese Fotos sind aber in einem Innenraum entstanden, sodass das vermeintlich Gespiegelte gar nicht vorhanden war.

2.1-09 Klare Kunststofffolien in verschiedenen Stärken dienen im Modellbau als Fensterscheiben. Auf ihrer Rückseite farblich überarbeitet, ermöglichen sie zusammen mit dem tatsächlich einfallenden Licht die Illusion von vorbildgetreuen Spiegelungen. Dass ein gekipptes Fenster entsprechend seinem Neigungswinkel mehr Himmel – also tagsüber mehr Licht und vielleicht sogar Wolken – spiegelt, versteht sich von selbst; mehr Licht heißt, dass das Licht, das die Fensterscheiben (scheinbar) zurückwerfen, einfach heller ist.

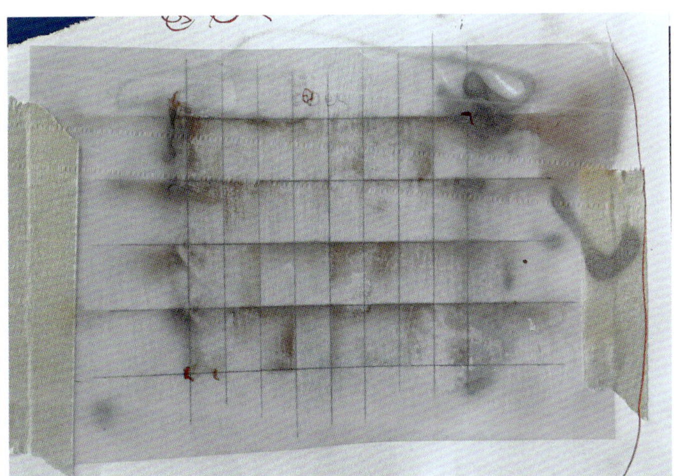

2.1-10 Der Blick auf den Arbeitstisch zeigt die Rückseite einer Fensterfolie. Darunter liegt eine Vorzeichnung für die Fenstersprossen. Einfaches Kreppband fixiert die Folie über der Vorzeichnung. Eine feste, also mehrfach zu verwendende Schablone, die aus Pappe oder besser Plastic Sheet bestehen kann, vermag den Farbauftrag auf Scheibengröße zu begrenzen. Die flüchtigen Spritzproben oben und an der rechten Seite belegen, dass ein Airbrush benutzt wurde. Rote Probestriche und Markierungen von einem Folienschreiber helfen beim Fokussieren fürs Foto.

2.1-11 Die Stromleitungen für die Außenbeleuchtung verlaufen sichtbar auf der Gebäudewand. Die Leuchten, die ihrem Aussehen nach Quecksilberdampf-Hochdrucklampen sind, wurden häufig zur Straßen- und Industriebeleuchtung eingesetzt. Sie sind die einzigen Elemente, die, abhängig vom darzustellenden Zeitraum, gegebenenfalls auszutauschen wären. Quecksilberdampf-Hochdrucklampen werden seit 1934 gefertigt. Die Form des Leuchtenkastens lässt vermuten, dass hier irgendwann eine jüngere Bauform installiert wurde. Ob dabei auf schon vorhandene Stromanschlüsse zurückgegriffen werden konnte, bleibt offen.

2.1-12 Auf dem Verteilerkasten prangt das Emblem der *General Electric Company*. Dieses Logo wird in etwa auf das Jahr 1900 datiert und ist bis in die Gegenwart in Gebrauch (Quelle: WIKIPEDIA/WIKIMEDIA COMMONS), bleibt also im hiesigen Kontext »zeitlos«. Für den Modellbauer/Modellbahner ist in dieser extremen Vergrößerung neben dem Blick auf den Verteilerkasten auch die Nahansicht der Zuleitungen mit den dahintergelegten Schatten interessant. Werden solche Schatten betont, so ist dies natürlich vor dem Verlegen der Leitungen ratsam, da sich sonst die Leitungen als helle Streifen abzeichnen. Äußerst feine Farbaufträge, mit dem Airbrush und stark verdünner Farbe aufgetragen, können da sehr realistisch wirken. Der Airbrush lässt sich dafür an einem (Kurven-)Lineal entlang führen (s. Foto 2.5-12 auf Seite 62).

2.1-13 Der Verteilerkasten entstand aus einem extra dafür angefertigten Fotoätzteil. Die Kabeldurchlässe wie auch die Schraubenaufnahmen für die Wandbefestigung zeigen erneut, mit welcher Detailverliebtheit Modellbau erfolgreich betrieben werden kann. Solche Fotoätzteile kann der Modellbauer natürlich bei Dienstleistern in Auftrag geben, wenn er eine maßhaltige Zeichnung liefert. Modellbahnern sind entsprechend spezialisierte Anbieter häufig schon vom Thema »Lokschilder« her bekannt.

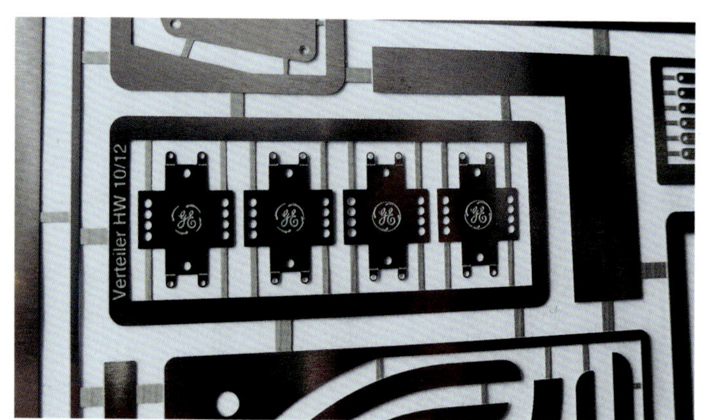

2.1-14 Das sogenannte i-Tüpfelchen an einer Industriefassade ist das weithin sichtbare Firmenschild. Um zu eindrucksvollen Ergebnissen zu gelangen, gibt es mehrere, sehr unterschiedliche Vorgehensweisen. Decals, also sogenannte Nassschiebebilder, scheinen davon oft der einfachste Weg zu sein. Auch sie können bei spezialisierten Anbietern in Auftrag gegeben werden; grundlegende Maßangaben können diesen Anbietern von Fall zu Fall sogar schon ausreichen, wenn eine Beschriftung nachgebildet werden soll, für die es eine brauchbare Vorlage gibt. Wer über einen Laserdrucker und ein Grafik- oder Bildbearbeitungsprogramm verfügt, kann sich zudem geeignetes Decalpapier besorgen und Decals selbst anfertigen. Decals können aber beim Aufziehen auf einem strukturierten Untergrund, wie eine Ziegelwand es ist, ihre Tücken haben.

Technisch anspruchsvoller und in das Herausarbeiten der Wandbeschaffenheit besser einzubinden (Stichworte: Farbabplatzer, schadhaftes Mauerwerk, Risse und Schmutzspuren) ist die Darstellung des Firmenschildes durch feine Farbaufträge. Dafür wird Maskierfilm für Airbrusharbeiten benötigt. Der schwach selbstklebende Maskierfilm lässt sich entweder direkt auf der Wand per Hand schneiden (siehe das anschließende Kapitel) oder mit Hilfe eines Schneideplotters vorbereiten – die Farbe wird dann über der Maskierung mit dem Airbrush aufgetragen. Die auf diese Weise gefertigte Beschriftung entsteht als ein Zwischenschritt bei der Wandbearbeitung und erhält ihre Spuren der Verwitterung und Vernachlässigung somit gemeinsam mit den umliegenden Wandflächen. Das hier gezeigte Schriftbild ist so gut gelungen, dass auch in der Schrägansicht keine Indizien für eine bestimmte Vorgehensweise zu entdecken sind. Alles sieht entsprechend der Einleitung zu diesen Betrachtungen einfach richtig aus.

Arbeitsproben – Wandteile

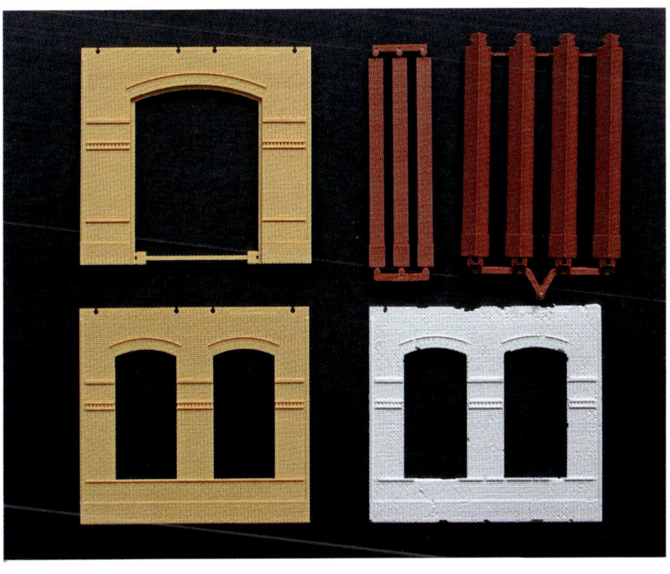

2.2-01 Ohne Überarbeitung kein Realitätsanspruch! Diese Wandelemente für unterschiedliche Betriebsgebäude lassen sich stimmig in alle Epochen ab Anfang des 20. Jahrhunderts einbinden. Sie entstammen einem Baukastensystem (Auhagen), können einzeln gekauft werden und bieten allen, die eigene Vorstellungen verwirklichen möchten, denen ein Scratchbau aber zu aufwendig ist, gutes Baumaterial. Ohne eine farbliche Überarbeitung werden sie einem wirklichen Realitätsanspruch allerdings nicht gerecht. Klar ist, dass sich solch durchgefärbte Wandelemente aus Plastik (die natürlich auch aus vollständigen Bausätzen für ein bestimmtes Gebäude stammen können) auf Grund ihres Materials gut für eine Überarbeitung und damit ebenso zum effektiven Üben oder Ausprobieren von farblichen Verfeinerungen eignen. Fallen Farbaufträge unbefriedigend aus, wird der Farbauftrag mit einem passenden Verdünnungs- oder Reinigungsmittel einfach wieder abgewaschen. Gerade bei feinen Acrylfarbschichten (Airbrushfarben), die mit dem Airbrush aufgebracht wurden, ist das schnell gemacht. Eigene Abgüsse solcher Wandelemente, bei denen dann Mauerteile herausgebrochen sind, lassen sich sehr überzeugend zu vernachlässigten oder abbruchreifen, leerstehenden Bauten zusammenfügen. Inwieweit ihre Material- und Oberflächeneigenschaften von denen der abgegossenen Teile abweichen, gilt es vorab ebenfalls auszuprobieren, wenn noch nicht auf die notwendigen Erfahrungen zurückgegriffen werden kann.

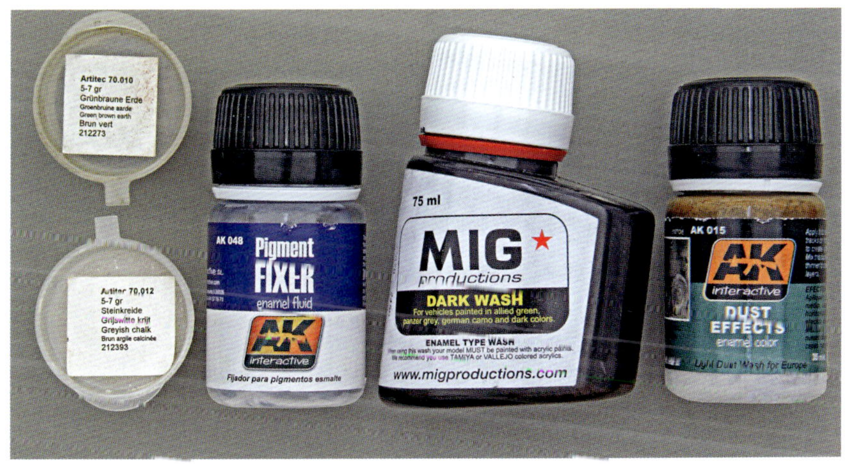

2.2-02 Für das »Verfugen« der Steine mit Farbe eignen sich Pigmente und dünnflüssige Farben. Die Waschtechnik, auch *Washing* oder kurz *Wash* genannt, ist eine spezielle Technik, um Fugen, Profile, Maserungen, Stöße, Vorsprünge und vieles mehr – wie auch Gebrauchsspuren o. Ä. – herauszuarbeiten. Wash-Farben werden als Pigmentpulver und als Fertigprodukte auf Acryl- oder Ölfarbenbasis für den Plastikmodellbau angeboten. Für die Waschtechnik kann auch Künstlerölfarbe sehr stark mit Terpentin verdünnt werden. Anders ausgedrückt heißt dies: In Terpentin wird etwas Künstlerölfarbe aufgerührt. Beim Terpentin- resp. Öl-Wash wird die Farbbrühe mit einem weichen Pinsel auf das Modellteil aufgetragen und läuft in die Vertiefungen der so »gewaschenen« Oberfläche. Sobald die Farbe leicht angetrocknet ist, werden mit Terpentin die erhabenen Bereiche abgewaschen resp. abgewischt. Die Farbe bleibt so nur noch in den Vertiefungen stehen. Washings auf Acrylbasis unterscheiden sich vom Ölwashing in der Trockenzeit und im produktspezifischen Medium für das Washing.

Voraussetzung bei der Waschtechnik ist selbstverständlich, dass die darunterliegende Grundfarbe von nachfolgenden Farbaufträgen nicht angelöst wird. Bei durchgefärbtem Plastik besteht da keinerlei Gefahr. Das gilt natürlich auch für Pigment-Washings. Pigment-Washings brauchen jedoch einen Untergrund, in dem sie sich verfangen können, sodass diese Art des Washings die bevorzugte für den Kartonmodellbau ist, zumal dort mit Flüssigfarben (außer beim sachgerechten Spritzen mit dem Airbrush) sehr vorsichtig agiert werden muss. Fixiert wird dort mit einem speziellen Pigment-Fixer auf Ölfarbenbasis, bei dessen Aufbringen sich die Pigmentwirkung noch verändern kann.

2.2-03 Manche Bauteile brauchen vor dem Washing eine Aufhellung oder Abtönung. Diese Aufhellung kann auch dazu dienen, die Intensität der Materialfarbe etwas zurückzunehmen, damit im Zusammenspiel mit dem Washing die Farbigkeit der Wand in die gewünschte Richtung geht. Soll der erhoffte Eindruck mit einem Ölwashing erzielt werden, darf die darunterliegende Farbe in jedem Fall nur Acrylfarbe sein, da sie vom Terpentin im durchgetrockneten Zustand nicht angelöst wird. Zum Akzentuieren einzelner Steine mit dem Pinsel kommt dann ebenfalls Acrylfarbe zum Einsatz. Natürlich geht es auch umgekehrt: Es kann mit einer klassischen Modellbaufarbe auf Ölbasis (Emailfarbe) abgetönt/akzentuiert und mit einem Wash auf Acrylbasis weitergemacht werden.

Da sich einzelne Produkte sehr unterschiedlich verhalten können, sind auch hier eigene Erfahrungen mit den verwendeten Produkten die besten Ratgeber. Das Thema Washes wird beim Gestalten der folgenden Modelle stets eine Rolle spielen und dort weiter anzusprechen sein. Bauelemente, die zu einem Gebäude oder einer Wand zusammengesetzt werden, aber eine unterschiedliche Farbgebung haben, sollten möglichst schon vor dem Zusammenbau farblich gestaltet werden. Hier sind es beispielsweise die noch fehlenden, später als rotes Mauerwerk dargestellten Blindfenster.

2.2-04 Beim Spritzen der Schatten unter den Mauervorsprüngen hilft eine Papiermaske. Um diese passgenau herstellen zu können, wurde das Mauerteil kurzerhand auf einen Fotokopierer gelegt. Mit einem guten Grafikermesser wurden erst die Bögen ausgeschnitten, später dann die Maske für die übrigen Mauervorsprünge Stück für Stück zurechtgeschnitten. Während des Überspritzens mit dem Airbrush hält die freie Hand das Papier auf dem Wandteil fest.

2.2-05 Ein gutes Vorbild. Bei der farblichen Umsetzung auf Kunststoffbauteilen muss der *Scale Effect* berücksichtigt werden. Die Eigenfarben der Bausatzteile müssen also in der Regel aufgehellt werden. Durch »den Zahn der Zeit« können die Steine dann durchaus wieder dunkler werden, doch ist es eben der aufgehellte Farbton, der vergraut und verschmutzt ist. Sowohl unter den roten als auch den gelben Klinkern gibt es zudem deutliche Farbvarianten.

2.2-06 Noch ein gutes Vorbild. Hier zeigt das Mauerwerk – das Foto zeigt einen anderen Teil des gleichen Gebäudes wie in Bild 5 – ein wesentlich einheitlicheres Bild. Die ursprüngliche, noch nicht verschmutzte Eigenfarbe der Klinker leuchtet sauber. Auf einer Anlage der Bahnepoche IIa dürfte eine solche Wand im Alltagsbild stimmig sein. In einer Gegenwartsszenerie könnte sie eher als Teil eines neu eingerichteten Eisenbahn- oder Industriemuseums stehen.

2.2-07 Auch verputzte Wände gibt es entsprechend ihrer Entstehungszeit in sehr vielen Varianten. Der Vergleich zwischen einem unbehandelten und einem schon strukturierten Wandelement aus Plastik zeigt, in welche Richtung hier das Verfeinern gehen kann. Der »Putz« wird entweder mit dem Airbrush und einer Sprenkelkappe aufgetragen oder mit einem Stupf-Pinsel.

Die Farbe sollte dafür nicht zu dünnflüssig sein, für den Pinselauftrag mag sich eine Tubenfarbe als die geeignetere herausstellen. Sobald dieser Farbauftrag richtig durchgetrocknet ist, werden entsprechend dem Gebäude und dessen Alter vielleicht Risse graviert, in jedem Fall kann es mit Washings in ganz unterschiedlicher Intensität und gegebenenfalls auch mehrfarbig weitergehen.

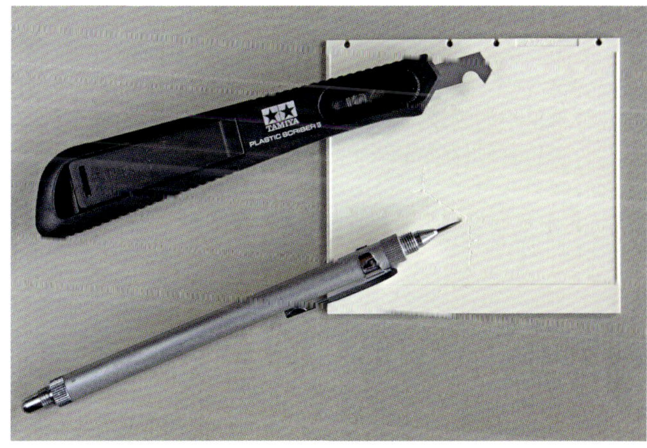

2.2-08 Risse in Putz und Mauerwerk sagen auch etwas über das Alter eines Wandbildes aus. Der *Plastic Scriber (Tamiya)* aus dem Plastikmodellbau ist eines der dort angebotenen Gravierwerkzeuge, mit denen sich die Darstellung solcher Risse, wie auch das Nachgravieren von Fugen, gut bewerkstelligen lässt. Im Unterschied zur einfachen Graviernadel nimmt der Scriber einen Span heraus, während die Nadel des Bastelmessers den Kunststoff seitlich hochdrückt. Aber natürlich kann das so hochgedrückte Material auch für abplatzende Putzstücke stehen und damit durchaus gewollt sein.

2.2-09 Wandmalereien sind ein prägnantes Zeitzeugnis. Viele Elemente bestimmen das Alter einer Szenerie. An Mode, Autos und Werbung lässt sich sofort erkennen, welche Jahre auf einer Anlage/einem Modul dargestellt werden sollen. Werbemotive und Firmenschilder, auf Fassaden gemalt, erlauben aber auch Zeitsprünge, weil sie an Gebäuden Jahrzehnte überdauern können. 1960 war das Emblem des Kofferherstellers, das eine verputzte Mauer ziert, aktuell, heute erinnert es nur noch als Zeitzeugnis an diesen Betrieb.

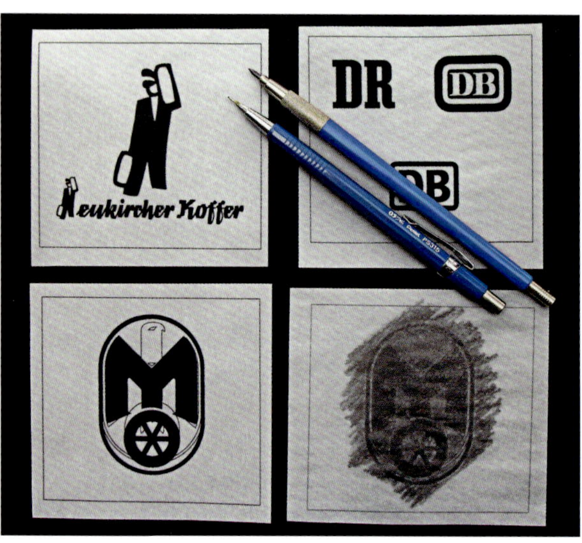

2.2-10 Für die Darstellung einer Wandmalerei gibt es verschiedene Vorgehensweisen. Sie können mit Hilfe eines Nassschiebebildes, auch Decal genannt, angedeutet oder – wie beim großen Vorbild – aufgemalt werden. Eine gute Hilfe zum Vorzeichnen des Motivs auf die Wand ist Transparentpapier oder die Fotokopie einer Vorlage.

Sobald der Farbauftrag für den Putz richtig durchgetrocknet ist, wird das Motiv aufgepaust. Eine flächige Bleistiftschraffur mit einem sehr weichen Bleistift auf der Rückseite der Motivvorlage erlaubt das erforderliche Durchzeichnen mit einem sehr feinen, harten (!) Bleistift. Die Vorlage wird dafür mit Klebeband über dem Wandstück fixiert.

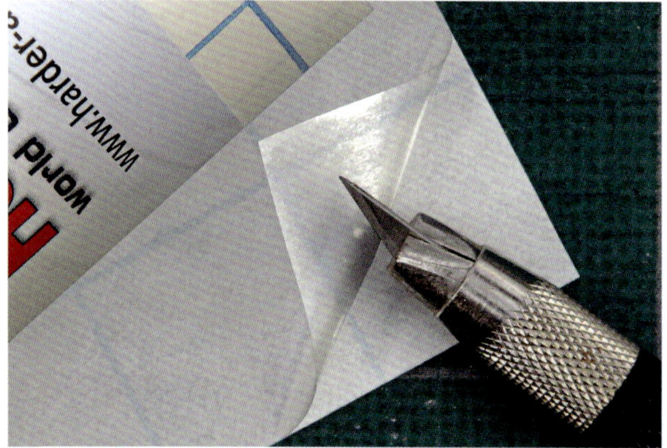

2.2-11 Schwach klebender Maskierfilm speziell für Airbrusharbeiten wird als Nächstes benötigt. Werden die Embleme und Schriftzüge anschließend mit dem Airbrush ausgearbeitet, wird die gesamte Wand mit speziellem, selbstklebendem Maskierfilm abgedeckt. Dieser dünne Maskierfilm ist von seiner Klebkraft her so konzipiert, dass er keine schon darunter liegenden Farbschichten – hier: die Darstellung von Wandputz – beschädigen sollte. Er wird mit einem feinen Grafikermesser direkt auf der Wand vorsichtig geschnitten und so über den Vorzeichnungsteilen, die eingefärbt werden sollen, herausgetrennt.

2.2-12 Der Maskierfilmabschnitt ist deutlich größer als die Wandplatte. Blasenfrei auf dem Wandstück mit der kompletten Vorzeichnung aufgezogen, hält der Maskierfilm so das Bauteil auf dem Arbeitstisch/der Arbeitsplatte fest. Geschnitten wird die Maske direkt über der Vorzeichnung mit einem scharfen (!) Grafikermesser oder Skalpell. Beim Schneiden darf nur die Maskierfolie durchtrennt, nicht aber in den Kunststoff geschnitten werden. Praktisch bedeutet dies, dass ein wirklich scharfes Messer ohne Druck über die Folie gezogen wird. Dort, wo Farbe auf das Wandstück gelangen soll, sollten sich die entsprechenden Maskierfilmteile dann leicht herausnehmen lassen. Um einen guten Eindruck von dieser Vorgehensweise geben zu können, wurde die Maskierfolie hier während des Überspritzens mit dem Airbrush einmal erneuert.

2.2-13 Zu kräftige und leuchtende Farbtöne sind zu vermeiden. Selbst wenn eine recht neue Wandmalerei wiedergegeben werden soll, muss sie modell- und maßstabsgerecht mit gebrochenen Farbtönen angelegt werden. Die Farben einer historischen Wandmalerei sollten zudem schon gleich verblichen wirken, auch wenn die ganze Wand nach dem Abnehmen des Maskierfilms nochmals »verschmutzt« wird. Dieses abschließende Überarbeiten im Ganzen ist wichtig, damit so ein wirklich einheitliches Erscheinungsbild entsteht. Dafür darf die Farbgebung des Wandbildes selbstverständlich nicht zu dunkel sein, ansonsten ist sie vorher wieder aufzuhellen, gegebenenfalls sogar partiell unterschiedlich, um die Wandmalerei damit noch realistischer wirken zu lassen.

2.2-14 Indiz Erhaltungszustand. Das Alter einer Fassade/einer Fassadenmalerei zeigt sich daran, wie stark die ursprünglichen Farben verblichen, vergraut und verschmutzt sind. Deutliche Risse im Wandputz, der für diese Motive von vornherein alt und verschmutzt wirken soll, betonen das Alter zusätzlich. Manchmal ist ein altes Emblem oder ein Schriftzug auf einer Wand übermalt worden, schlägt aber nach vielen Jahren durch und wird so wieder sichtbar. In diesem Beispiel kommt das alte MITROPA-Emblem unter dem Nachkriegslogo wieder zum Vorschein und ist natürlich farblich sehr viel ausgeblichener.

2.2-15 Zum Ausprobieren: Eine Kopiervorlage für die gezeigten Wandmalereien. Für alle, die sich an den gezeigten Beispielen versuchen oder sie einfach nur für ein eigenes Gebäudemodell übernehmen wollen: Mit Hilfe einer maßgerechten Kopie dieser Vorlage lassen sich die Motive wie beschrieben auf Wandelemente übertragen und umsetzen.

Grundlegendes – im direkten Vergleich

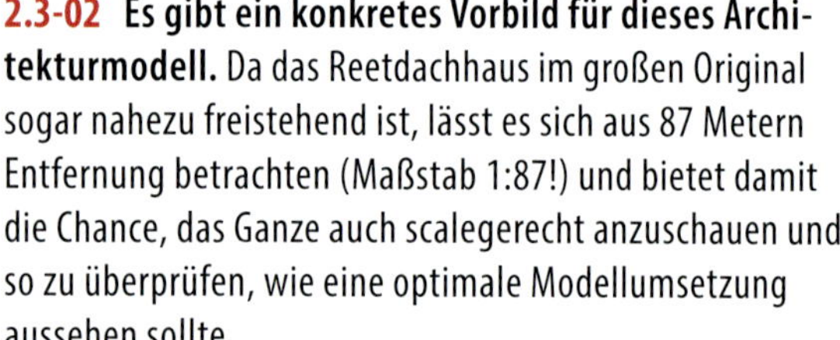

2.3-01 Dieses kleine Reetdachhaus (*Danscale*) ist in mehrfacher Hinsicht interessant. Für Bauteile aus Resin und Messing (Ätzteile) wird eine darauf abgestimmte Grundierung empfohlen. Bei diesem Modell, das genau aus diesen Materialien besteht, bietet sich von daher die Möglichkeit an, beim Bauen verschiedene Grundierungen parallel zu testen (s. Punkt 4). Mit dem seitens der Formgebung sehr gut nachgebildeten Reetdach ist zudem eine erfolgversprechende Grundlage gegeben für das Ausprobieren ganz unterschiedlicher, sich ergänzender Arbeitstechniken beim Farbauftrag. Die Darstellung des Reetdachs stellt in dieser Hinsicht eine lohnende Herausforderung dar.

2.3-02 Es gibt ein konkretes Vorbild für dieses Architekturmodell. Da das Reetdachhaus im großen Original sogar nahezu freistehend ist, lässt es sich aus 87 Metern Entfernung betrachten (Maßstab 1:87!) und bietet damit die Chance, das Ganze auch scalegerecht anzuschauen und so zu überprüfen, wie eine optimale Modellumsetzung aussehen sollte.

2.3-03 Die Resinteile werden in der beigen Grundfarbe des Materials geliefert. Die vier Wände, die Bodenplatte, das Dach und der Schornstein hängen an ihren herstellungsbedingten Angusssockeln. Da sich das Abtrennen dieser Angusssockel aufgrund der Materialstärke in diesem Fall etwas aufwendiger gestaltet, eignen sich die Blöcke nicht zum Halten während des Bemalens. Weil die Wände des Vorbilds außerdem rund ums Haus weiß gestrichen sind und zudem kleine Spachtelarbeiten beim Zusammensetzen erforderlich sein können, bildet das Abtrennen der Angusssockel und das Zusammenkleben von Wänden und Bodenplatte den ersten Bauabschnitt vor dem Grundieren.

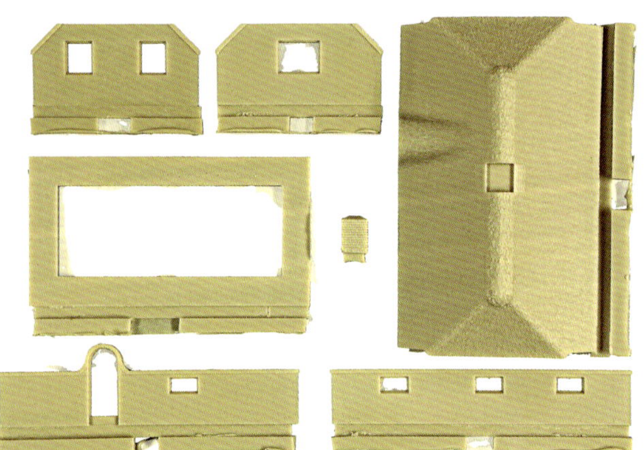

Wichtig schon vor dem Grundieren der Wände: Die Trockenpassungen der einzelnen Bauteile durchführen, weil gegebenenfalls noch geschliffen werden muss! Da die Ätzteile (die Darstellung der Holzteile für die Tür und die Fenster) zum Einfärben weiter im Bauteilrahmen verbleiben sollen, kann es also sinnvoll sein, diese zuerst fertigzustellen, dann aus dem Rahmen zu trennen und, mit der Klarsichtfolie als Scheiben hinterklebt, einzupassen.

2.3-04 Für das Grundieren von Resin- und Metallteilen sind verschiedenste Produkte im Angebot. Sie unterscheiden sich in erster Linie in ihren dazugehörigen Verdünnungsmitteln, die in der Regel zum jeweiligen Sortiment gehören und nur zum Teil auf wässriger Basis sind. Die Herstellerangaben sind also unbedingt sowohl unter arbeitstechnischen wie unter gesundheitsrelevanten Aspekten zu beachten! Neben den Produkten von *Vallejo*, *Mr.Hobby* und *Model Master* können Primer von *AMMO mig*, *Schmincke* und anderen Herstellern zum Einsatz kommen. Die Unterschiede bei der meist notwendigen Verdünnung auf Spritzkonsistenz, beim Auftragen mit dem Airbrush und beim Reinigen der Werkzeuge sind teilweise beträchtlich. Auch die spätere Griff- und Haftfestigkeit und die Trockenzeit erweisen sich als verschiedenartig. Hier ist also viel Platz fürs Ausprobieren und das Finden eigener Präferenzen.

2.3-05 Wenn der Farbton der Grundierung der endgültigen Farbgebung schon recht nahe kommt, ist dies von Vorteil. Die nachfolgenden Farbschichten können im Einzelnen dünner ausfallen, da sie nicht alle von hoher Deckkraft sein müssen. Aus diesem Grunde kamen hier der graue Primer von *Mr.Hobby* für die Wände und der schwarze Primer von Vallejo fürs Dach zum Einsatz. Der schwarze Primer von Vallejo wurde nicht vollständig deckend gespritzt, um schon erste Unregelmäßigkeiten auf dem Dach anzulegen.

Auf der am Ende nicht mehr einsehbaren Innenseite der Bauteile entstanden deckend gespritzte Teststreifen, um zu schauen, wie es um die Haft-, Griff- und Kratzfestigkeit der beiden Grundierungen bestellt ist. Bei dieser Fragestellung sollte Eines immer mit berücksichtigt werden: Wie stark ist die spätere mechanische Beanspruchung des jeweiligen Modells auf der Modellbahn überhaupt? Kann ich das Bauteil/das Modell während des Bauens an einer nachher nicht sichtbaren Stelle festhalten? Will ich noch maskieren? Die beiden letzten Fragen sind hier für das Modell des Reetdachhauses mit Ja zu beantworten, wie im Weiteren zu sehen sein wird.

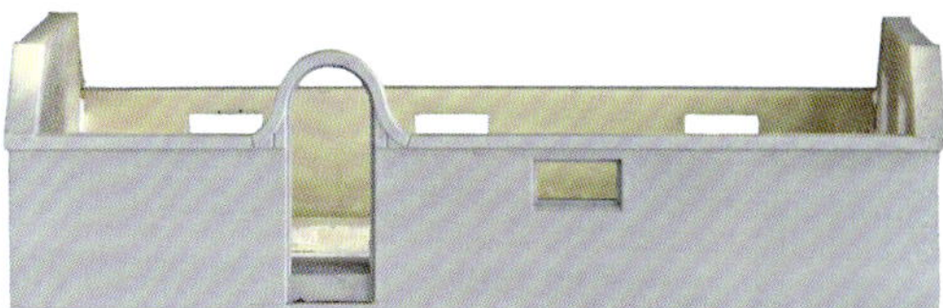

2.3-06 Der erste feine Spritzauftrag mit dem Airbrush zeigt alle Unzulänglichkeiten des vorangegangenen Spachtelns und Schleifens. Wer schon länger mit dem Airbrush im (Eisenbahn-) Modellbau unterwegs ist, weiß um diesen Umstand und nutzt den ersten Farbauftrag auch, um schnell Restarbeiten, die noch ausgeführt werden sollten, aufzuspüren. Der Versuch, durch einen Farbauftrag mit dem Airbrush Schwächen im Modellbau zu kaschieren, ist also wenig Erfolg verheißend. Wichtig: Auch dieser erste dünne Farbauftrag muss richtig trocken sein, bevor das Modell weiterbearbeitet wird, da die Farbe sonst verschmiert oder krümelt ... Dies gilt natürlich auch, wenn Staub ein Spritzbild verdorben hat. Nach dem Durchtrocknen lässt sich schauen, inwieweit sich dieses Manko vorsichtig wegschleifen lässt.

2.3-07 Das Thema der Grundierung findet bei den Ätzteilen seine Fortsetzung. Gerade bei sehr fein profilierten Oberflächen ist es entscheidend, dass die Grundierung und die Farbaufträge so dünn wie möglich ausfallen. Die ausgesuchte, farblich annähernd stimmige, bordeauxrote Grundierung für die Tür und die Fenster trägt dieser Vorgabe Rechnung. Die Suche nach einem passenden Produkt oder das vorsichtige Einfärben eines klaren Primers mit Farbe aus dem gleichen Sortiment sind zwei gangbare Wege. Achtung: Da die Ätzteile bis zu dem Zeitpunkt, da sie in die Maueröffnungen eingesetzt sind, einige Male angefasst werden, ist eine gute Grifffestigkeit der Grundierung wichtig. Für entsprechende Vorversuche steht der Rahmen der Ätzteile zur Verfügung.

Das auf dem Foto 2.3-09 im Original sichtbare Namensschild des Hauses bekommt seine farblich gesondert abgestimmte Grundierung.

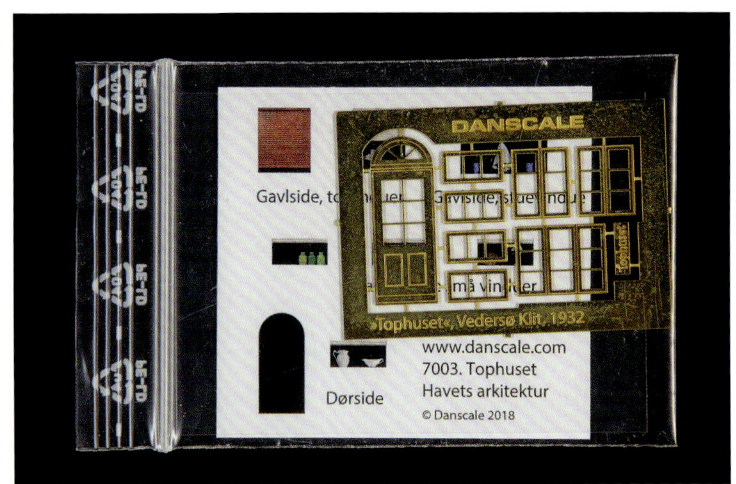

2.3-08 Ein vielfach abgestufter Farbfächer hilft beim Bestimmen der Farben. Am besten eignet sich für einen solchen Farbabgleich ein leicht bewölkter Tag. Um einen stimmigen Eindruck zu bekommen, wird der Fächer mit ausgestrecktem Arm so gehalten, dass in keinem Fall direktes (Sonnen-)Licht darauf fällt. Die Farbaufträge auf dem Farbfächer sollten matt sein, damit keine Spiegelungen den Farbeindruck verfälschen können. Beim Abstand zum Nachzubauenden ist darauf zu achten, dass er möglichst maßstabsgerecht ausfällt, im Zweifelsfall lieber größer als zu klein. Nur zum Ausprobieren kann es leichter sein, erst einmal aus der Nähe zu beginnen, weil die abzugleichenden Flächen von dort aus größer sind. Die aus der Nähe ermittelten Farbwerte sind natürlich nur bedingt aussagekräftig.

Farbfächer gibt es für unterschiedlichste Zwecke: Den PANTONE-Fächer für Gestaltung und Print (matt/uncoated), die RAL-Fächer für den industriellen Einsatz, die Fächer der Farbhersteller zur Produktinformationen u. s. w. Die gravierendsten Unterschiede liegen in der Bandbreite der Abstufungen und dem Preis für die Fächer. Hilfreich ist sicherlich eine ganze Reihe von ihnen.

2.3-09 Ein Blick aus der Nähe hilft manchmal, aus der Ferne Erkanntes zu überprüfen. Dazu zählt bei diesem Modell die Detaillierung und die Platzierung des Namensschildes, der Konstruktion der Fenster (die Terrassentür des Vorbilds wurde nachträglich eingebaut) und der Aufbau des Reetdachs. Das direkt einfallende Sonnenlicht lässt die Konturen deutlich hervortreten und ist an dieser Stelle somit hilfreich, für einen Farbabgleich jedoch ungeeignet, zumal kein scalegerechter Abstand gegeben ist.

2.3-10 Die Spalten zwischen den Holzteilen der Tür und der Fenster sind auf den Ätzteilen mittels Gravuren angelegt. In diese Gravuren kann ein Washing einfließen, das die darzustellenden Kanten und Spalten zwischen den Holzelementen in der erforderlichen Kontraststärke scharfkantig wiedergibt. Es bieten sich dabei zwei Vorgehensweisen an. Bei der ersten, einfacheren Variante bildet ein dunkles Washing den Abschluss über einem bordeauxroten Farbauftrag. Das Namensschild für das Haus bekam seine Farbgebung in eben dieser Art und Weise, nur über grauem Grund.

Die zweite Vorgehensweise (s. Foto) unterscheidet sich sowohl von der Reihenfolge als auch von den Farbtönen her: Das Washing läuft über die eingefärbte Grundierung und dient als Untermalung (im Foto oben). Bevor das Washing in die Gravuren einfloss, entstand eine erste, flächige Untermalung mit dem Airbrush, die die nach vorn liegenden Holzteile hervorhebt. Scharf begrenzt wird diese Untermalung mit Hilfe von *Masking Tape*, also Maskierband. Im Modellbau wird eine solche Untermalung meist als Preshading bezeichnet. Diese zweite Vorgehensweise hat den Vorteil, dass es möglich ist, die Ätzteile dann so lange mit sehr fein gespritzten Farbaufträgen zu überziehen, bis der gewollte farbliche Gesamteindruck entsteht (im Foto unten). Sollte das Bordeauxrot das Washing zu stark abdecken, lässt es sich zwischendurch einfach wiederholen. Bevor auch die Fenster eben dieses dunklen Washing und vorher die aufgehellten Partien erhalten, kann das Namensschild des Hauses schon aus dem Ätzteilrahmen herausgetrennt werden. Auf dem Ätzteilrahmen lassen sich am Rand auch hinsichtlich der Washings schnell Materialtests ausführen, wenn neue Materialien nebenher ausprobiert werden sollen, da auch dort ausreichend Gravuren (Herstellername, Hausbezeichnung) vorhanden sind.

2.3-11 Übereinandergestapeltes Maskierband zeigt die erhältlichen Bandbreiten und die Materialstärke für alle, die damit noch nicht vertraut sind. Das auch als *Masking Tape* bezeichnete Maskierband zeichnet sich durch seine gute Eignung für den Modellbau aufgrund seiner ausreichenden, aber nicht zu starken Klebkraft aus. Trotzdem sind natürlich, soweit nicht mit vertrauten Materialien gearbeitet wird, Vorversuche stets angeraten. Das Maskierband gewährleistet einen sauber begrenzten Farbauftrag, wenn sachgerecht, also »trocken«, somit ohne sichtbare Feuchtigkeit im Spritzbild, und nicht zu dick gespritzt wird. Eine einwandfreie Farbschicht unter dem Maskierband sollte durch das *Masking Tape* nicht beschädigt werden. Dieses Maskierband, das sich in jeder Richtung gut schneiden lässt, wird in den Breiten 6 mm, 10 mm und 18 mm angeboten. Es kann je nach Verschmutzungsgrad durchaus mehrfach verwendet werden. Um die Klebkraft des Bandes weiter zu reduzieren, hilft ein wiederholtes Auf- und Abziehen auf einer sauberen (!) Schneidematte, wo es zwischenzeitlich auch gut zu verwahren ist.

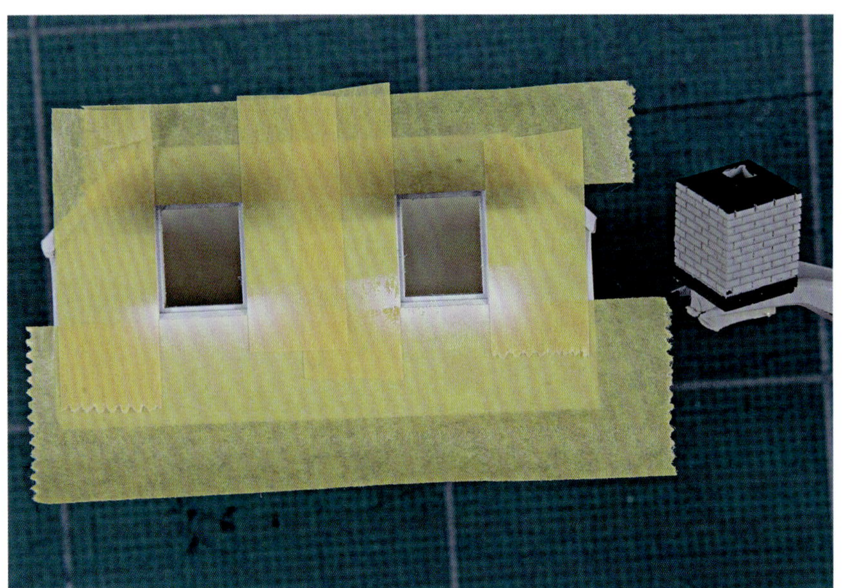

2.3-12 Maskierfilm deckt die Hauswand um die Fensteröffnungen herum vollständig ab. Die vorbildgerechte Betonung vom Licht auf der Fensterbank und vom Schatten unterhalb des Fenstersturzes gelingt, indem der Airbrush beim Spritzen schräg geführt wird und die Farbe so auf die nach innen gerichteten Oberflächen der Maueröffnung gelangt.

Nicht mit Maskierfilm, sondern mit einer schwarzen Flüssigmaske ist die zementfarbene Grundierung rund um das Mauerwerk des Schornsteins abgedeckt. Flüssigmasken sind besonders dort hilfreich, wo schräge oder sehr unregelmäßige Begrenzungen eine Maskierung brauchen. Im Übrigen: Beim Schornstein ist die Größe des Angusssockels »moderat«, sodass er zum Halten während des Bemalens noch am Bauteil verblieb.

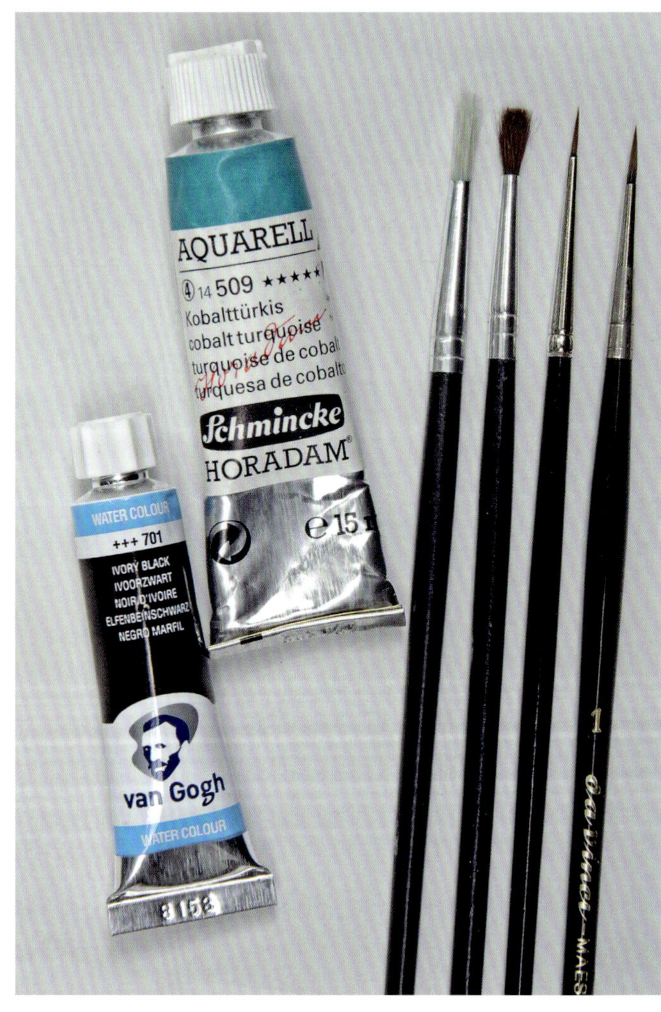

2.3-13 Auf nichtsaugenden Untergründen eignen sich pastose Aquarellfarben aus der Tube sehr gut zum Maskieren. Künstler-Aquarellfarben bleiben stets wasserlöslich und lassen sich an den Stellen, an denen die darunterliegende Farbe geschützt werden soll, mittels feiner Aquarellpinsel auftragen. Dabei spielt der Farbton der eingesetzten Farbe eine eher untergeordnete Rolle: Wichtig ist nur, dass die aufgetragene Farbschicht erst einmal gut erkennbar ist, um die Pinselarbeit leicht überprüfen zu können. Feine und feinste Aquarellpinsel ermöglichen ein äußerst präzises Arbeiten. Nach dem Durchtrocknen der Aquarellfarben erhält das Modell mit Acryl- oder Enamelfarben seine weitere Farbgebung.

Sobald dieser Farbauftrag durchgetrocknet ist, wird mit etwas dickeren Pinseln Wasser über die Oberfläche gestrichen, bis sich die überspritzte Aquarellfarbe auflöst und abwaschen lässt. Damit verschwindet an diesen Stellen wie gewünscht die darüberliegende Farbschicht. Sogenannte Maskierflüssigkeiten, die nur diesem einen Zweck dienen und die zu einem farbundurchlässigen Schutzfilm auftrocknen, gibt es von diversen Anbietern. Künstler-Aquarellfarben stellen in dieser Hinsicht lediglich eine sehr problemlose Variante dar, die nicht einer zeitlichen Begrenzung beim Verbleib auf dem Modell unterliegt.

2.3-14 Vor dem weißen Hintergrund kommen die feinen Abstufungen in der Wandfarbe gut zur Geltung. Die Farbe auf den Hauswänden ist kein reines Weiß. Über den grau grundierten Wandflächen wurde vielmehr ganzflächig mit einem gebrochenen Weiß, also einem sehr hellen Grauton, gespritzt, bevor von oben her ein leichter Schattenverlauf auf den Wänden hinzu kam. Diese Schattenverläufe dienen dazu, später den realen Schattenwurf des Reetdachs zu verstärken und damit vorbildgerechter erscheinen zu lassen. Das Bordeauxrot der Holzteile kann zwischen diesen beiden Arbeitsgängen aufgebracht und dann mit schattiert werden.

2.3-15 Das Reetdach und der Schornstein rücken jetzt in den Fokus. Um dem Aussehen des nachzubildenden Schornsteins nahe zu kommen, erhält der bereits grundierte und maskierte Modellschornstein einen Ziegelton, der etwas kräftiger ausfallen darf als der letztlich angestrebte Farbeindruck. Das Fugengrau, als Washing über die bemalten Ziegel der Schornsteinwand gelegt, verschiebt das Ziegelrot dann in die gewünschte Richtung.

Die Abdichtung zwischen dem Schornstein und dem Reet mittels der Blechabdeckung bildet auf dem Modell ein weiteres Highlight, wenn es gelingt, die Metalloberfläche überzeugend darzustellen. Für den Plastikmodellbau werden eine ganze Reihe von Produkten für die Metalldarstellung angeboten, die vom einfachen *Silber* über *Natural Steel* (Vallejo) und anderen bis hin zu Farbmischungen auf Basis einer als *Perlmutt* bezeichneten Farbe oder sogenannten Metalizern reichen. Viele dieser Produkte sind spritzbar und können, soweit ihre Pigmentierung nicht zu grob ist, vorbildgerechte Ergebnisse liefern. Für das Modell dieses Dachs gelang es mit den Airbrushfarben *Perlmutt*, *Grafit* und *Weiß*. Zum Reetdach selbst: Unterschiedliche Farbnuancen in Kombination mit den für Reetdächer typischen Strukturen geben dieser Form der Dacheindeckung beim großen Vorbild das charakteristische Aussehen. Das Alter, der Erhaltungszustand und die Qualität des Reets bestimmen den Gesamteindruck. Moosbewuchs setzt sowohl farblich wie auch von der Oberfläche her weitere Akzente. Das Moos überdeckt die Struktur des Reets. Um den Moosbewuchs auf dem Modell darzustellen, bieten sich von daher pastose Farben an, mit denen sich filigrane, reliefartige Strukturen gut egalisieren lassen. Dazu zählen unter anderem sogenannte *Heavy Body Acrylics* aus Künstlerfarbsortimenten. Feinste Streumaterialien aus dem Modellbahnzubehör, in die noch nasse Farbe eingestreut, ergänzen diesen Farbauftrag gegebenenfalls (bei starkem Moosbefall). Eine weitere Nuancierung kann anschließend mit den gewohnten Farben und dem Airbrush erfolgen. Beim hier gebauten Reetdachhaus wird ein im Vergleich zum Vorbildfoto neueres Dach dargestellt, der beginnende Moosbewuchs zeigt sich erst einmal durch die sehr zurückhaltende Verwendung von *Heavy Body Acrylics*.

2.3-16 Hilfreich für die vorbildnahe Darstellung eines Reetdachs ist natürlich auch eine gute Qualitat der darunterliegenden, reliefartigen Strukturen auf dem Bauteil. Ist diese Qualität gegeben, kann im wiederholten Wechsel zwischen Trockenmalen und Washings das gewünschte Aussehen herausgearbeitet werden. Nachdem mit einem festen Pinsel eine helle Farbe auf einem Stück Karton ausgestrichen ist, also nur noch minimale, fast trockene Farbreste im Pinsel vorhanden sind, bleiben beim Trockenmalen diese hellen Farbreste an den erhabenen Strukturen hängen und betonen diese. Ein darauf folgendes Washing akzentuiert die Vertiefungen und nimmt die Aufhellungen etwas zurück. Das Foto zeigt, wie das Dach des Modells nach dem ersten Mal Trockenmalen und einmal »Waschen« aussah. Die Farbtöne für das Trockenmalen und die verwendeten Washings variieren für die nachfolgenden Durchgänge, wobei nur noch Teile des Reetdachs überarbeitet werden. Feine, mit dem Airbrush ausgeführte Lasuren runden die farbliche Gestaltung ab. Danach ist die vorgreifend geschilderte Gestaltung des Moosbewuchses an der Reihe.

2.3-17 Der Blick auf die Rückseite des Hauses zeigt, dass sich das Thema Moos auf den Dachfirst und die Vorderseite des Daches beschränkt. Das schräg einfallende Licht betont die Unregelmäßigkeit der Oberflächenstruktur, deren farbliche Betonung auf dem Modell zu einem stimmigen Gesamteindruck führt. Die rückwärtigen und im Dachschatten liegenden, bordeauxrot gestrichenen Holzfenster zeigen sich im Vergleich zur sonnenbeschienenen, ebenfalls bordeauxrot gestrichenen Terrassentür wenig farbstark.

2.3-18 Der Schattenwurf durch das überhängende Reetdach wirkt auf den Hauswänden vorbildgerecht. Nichts weist darauf hin, dass diese Wirkung erst durch die gespritzten Schattenpartien so zustande kommt. Auch die Farbstärke der Fensterfarbe erweist sich als stimmig. Das Hausmodell hat keine Inneneinrichtung. Die mitgelieferten Bilder, von innen als Fensterhintergründe gegen die Fensteröffnung geklebt, sorgen für ein zufriedenstellendes Aussehen beim Blick durch die Fensterscheiben. Hinter der Haustür übernimmt dies schwarzer Fotokarton.

Erprobtes – Plastikmodelle

2.4-01 Sicherlich ein Klassiker: Das *Auhagen*-Modell des Bahnhofs Goyatz. An diesem seit September 1992 erhältlichen Plastik-Bausatz im H0-Maßstab lassen sich farbliche Verfeinerungen auf durchgefärbtem Plastik anschaulich durchspielen. Auf das Modul gesetzt und dort eingebettet wird das Gebäude erst, nachdem es als solches vollständig fertiggestellt ist. Empfehlenswert ist auch hier, wie bei allen derartigen Bauprojekten, auf die eigene Anschauung vom großen Vorbild beziehungsweise auf gutes Bildmaterial als Referenz zurückzugreifen.

2.4-02 Das Vorbild ist der Bahnhof Goyatz am Schwielochsee. Der Bahnhof in Goyatz ist ein Endpunkt der Spreewaldbahn, einer Schmalspurbahn mit drei Haltepunkten entlang der Strecke nach Straupitz, auf der im Sommerfahrplan 1960 noch täglich 15 Verbindungen allein im Personenverkehr verzeichnet waren. An diesem gerade frisch gestrichenen Gebäude sind aus unserer Sicht das verfugte Rotsteinmauerwerk, das Ziegeldach, die Teerpappe auf dem Schuppendach und später die unverputzte Schuppenseitenwand besonders interessant.

2.4-03 Das Bemalen der Bauteile sollte vor dem Zusammenbau nahezu abgeschlossen sein. Lediglich kleine Ausbesserungsarbeiten am Farbauftrag sowie Schattierungen, die über komplette Gebäudeseiten laufen, folgen später. Die Teile sind hier zu Demonstrationszwecken von den Spritzlingen abgetrennt, damit sie sich nebeneinanderliegend gut vergleichen lassen – normalerweise bleiben sie zum Bearbeiten an den Gießästen, da man sie dort wesentlich besser anfassen kann. Die Wandteile vorher und nachher: Sie verdeutlichen, wie die Wandabschnitte verfeinert bzw. verändert wurden. Das Einfärben der Fugen (die durchaus Unterschiede aufweisen dürfen) mittels Washings und das Abtönen einzelner Steine, Wandpartien und ganzer Wände entsprechend Vorbild und *Scale Effect* ermöglicht erst die realistische Anmutung. Grundlegende Arbeitstechniken dafür stellt das Kapitel »Arbeitsproben – Wandteile« ab Seite 41 vor.

2.4-04 Ältere Ziegeldächer zeichnen sich durch ihre speziellen Verfärbungen aus. Die Verfärbungen fallen stets individuell aus und sind von der Witterung und durch die Umgebung, hier also auch durch die am Haus stehenden Bäume, geprägt. Somit bildet das Dach einen schönen Kontrast zu den frisch gestrichenen Wänden. Für die Patina sorgt hier ein vorbildgetreues Washing. Dazu muss der Grundton der Dachziegel stimmig sein. Ist dies nicht der Fall, kann der Ziegelton zuerst – wie auch bei Ziegelwänden – im Ganzen korrigiert werden.

Das Aussehen der Wand- und Dachflächen im Modell beeinflussen hier ganz unterschiedliche Faktoren wie: die Art und Konsistenz der Wash-Farben, der Zeitraum zwischen den Arbeitsschritten des Washings (ggf. dem Einlaufenlassen und Abwischen der Wash-Farben und dem Kraftaufwand beim Wischen), die Anzahl der Farbaufträge mit verschiedenen Wash-Farben. Dazu kommt das Überspritzen der Bauteile nach und gegebenenfalls auch schon vor dem Einwischen von Farbe in die Vertiefungen der Struktur.

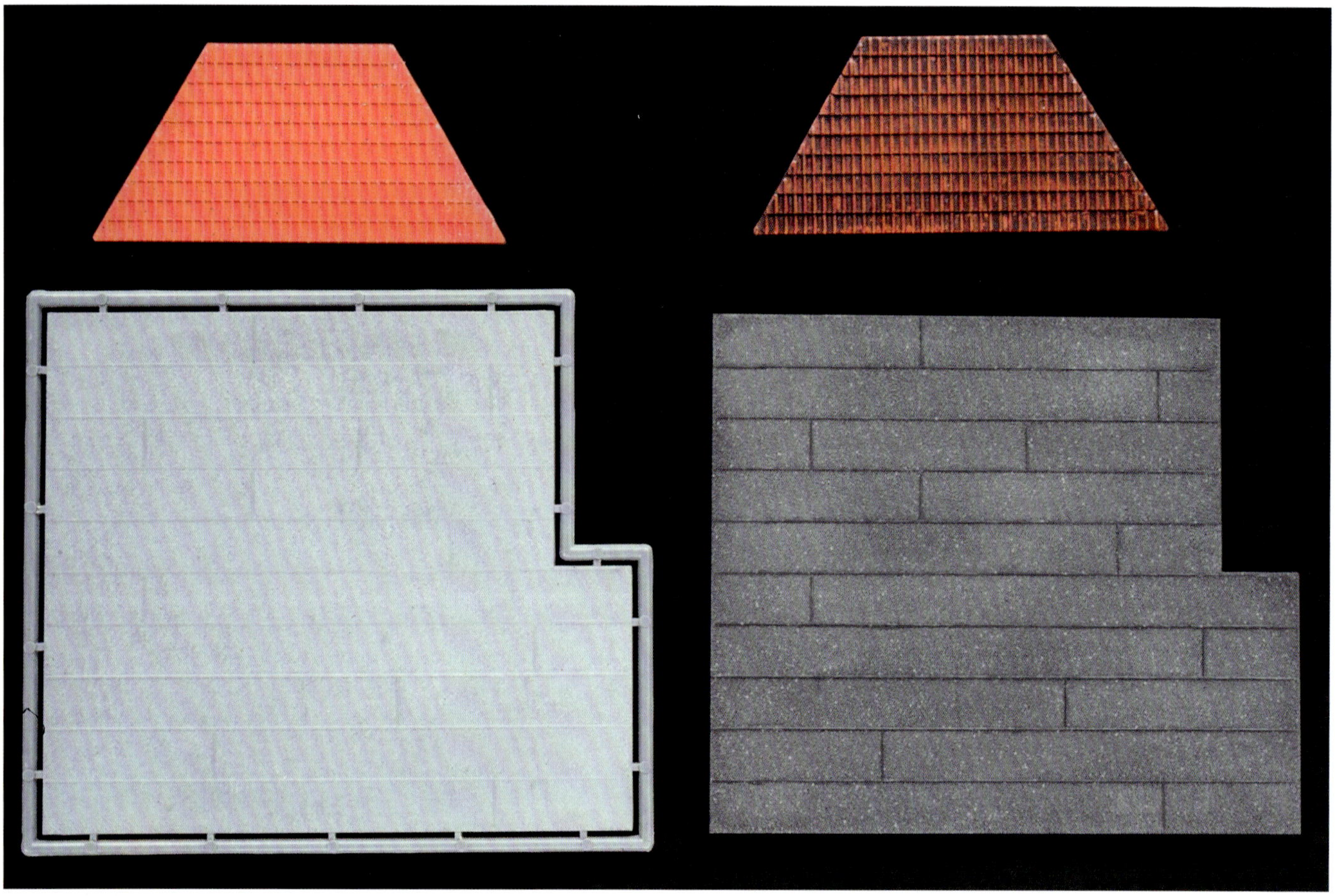

2.4-05 Vergleich der Teerdachteile vorher und nachher. Die neuen Teile aus dem Bausatz zeigen neben den bereits bearbeiteten sehr anschaulich die Veränderungen. Überzeugend realistisch die Teerdachbahnen in Sprenkeltechnik beim Schuppendach. Der Gießast, der das noch unbearbeitete Schuppendach einfasst, kann helfen, das Bauteil während des Farbauftrags gut mit einer Alligatorklemme oder einem ähnlichen Werkzeug festzuhalten.

Ein derart körniges Spritzbild wie zum Nachempfinden einer Dachpappe (Teerpappe) kann entstehen, wenn der Spritzdruck (Luftdruck am Airbrush) deutlich unter den vorgesehenen Wert von 1,5 bis 2 bar absinkt, eine sogenannte Sprenkelkappe statt der Saugkappe verwendet oder die Saugkappe einfach abgenommen wird (Letzteres funktioniert nur bei bestimmten Modellen mit eingeschraubten Farbdüsen).

2.4-06 Eine Sprenkelkappe, gegen den regulären Luftkopf des Airbrushs ausgetauscht, sorgt für das gewünschte Spritzbild. So lassen sich verschiedene Farben so lange nacheinander auftragen, bis das erzeugte Spritzbild stimmig aussieht. Helfen kann dabei das Verändern der Farbkonsistenz, der freigegebenen Farbmenge und des Luftdrucks, denn dies verändert auch die Korngröße und Intensität des Farbauftrags. Wer mit dem Sprenkeln noch keine bzw. nicht allzu viel Erfahrung hat, sollte die vielen Möglichkeiten dieser Technik einmal in Ruhe auf Schmierpapier ausprobieren.

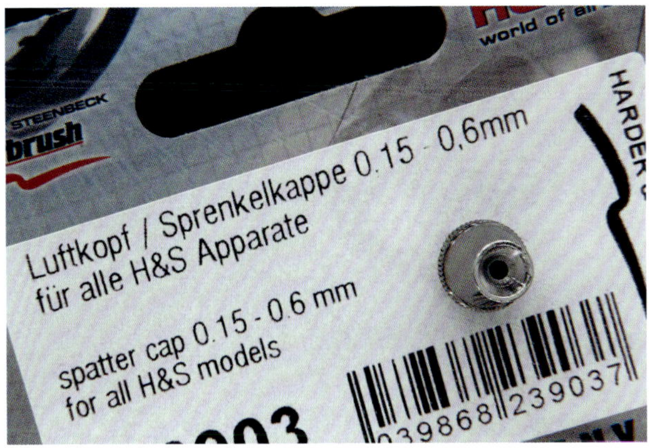

2.4-07 Sprenkeltechnik auf dem ganzen Modul. Fein abgestimmte Sprenkeltechnik lässt Architekturteile, Bäume und Bodendarstellungen realistisch erscheinen. Wichtig ist bei diesen Beispielen die richtige Korngröße, die beim Überarbeiten von Laub natürlich wesentlich geringer ausfällt als beim Nachfärben groben Schotters. Unabhängig von der Korngröße müssen jedoch sowohl beim Laub als auch beim Schotter die gesprenkelten Farbtöne möglichst nahe zur jeweiligen Grundfarbe liegen, damit das Ganze nicht zu bunt ausfällt (keine Regel ohne Ausnahme: das Herbstlaub). Arbeiten Sie mit wenig Druck und passendem Abstand (vorher prüfen!) beim Spritzen, damit nichts beschädigt oder gar weggeblasen wird.

Ein gesprenkelter Farbauftrag kann die unterschiedlichsten Korngrößen haben, auch lassen sich natürlich Spritzbilder mit ganz verschiedenen Korngrößen – in mehreren Farben – übereinanderlegen. Auf diese Weise Sand, Erde, Steine, Staub, Asphalt, Beton, Gräser und Pflanzen des Vorbilds farblich so realistisch wie möglich wiederzugeben, gelingt stets in der Kombination unterschiedlicher Arbeitstechniken. Mehr dazu im Abschnitt »3 Umgebung« ab S. 114).

2.4-08 Die unverputzte Seitenwand des Güterschuppens. Diese schon teilsanierte Wand vorbildgetreu darzustellen, ist eine interessante Aufgabe. Verschiedenfarbige Washings, das Variieren des Grundfarbtons und die Differenzierung einzelner Steine führen hier zum gewünschten Ergebnis. Für das Hervorheben von einzelnen Steinen sind sehr feine Pinsel und Tuschefüller mit geeigneten Acrylfarben gute Werkzeuge. Das Spritzen unterschiedlicher Farbschattierungen auf der Schuppenseitenwand mit Hilfe von Papiermasken führt das Thema »Arbeitsproben – Wandteile« ab S. 41 fort.

2.4-09 Das Arbeiten mit Papiermasken. Zum Hervorheben der farblichen Unterschiede zwischen den Teilen der unverputzten Wand des Schuppens wurden Papiermasken geschnitten, die sich auf folgende Weise herstellen und anwenden lassen:

1. Ein (Repro-)Foto erstellen.
2. Das Format der Wand am Bausatzteil ausmessen.
3. Am PC die Wand auf dem Foto mit Hilfe eines Fotoprogramms so gut wie möglich auf das Format des Bausatzteils bringen.
4. Papierausdruck, der eine gute Orientierung beim Schneiden und Platzieren bietet, in kontrastreichem Schwarzweiß machen.
5. Passgenau zurechtschneiden, um beim Spritzen mit dem Airbrush den gewünschten Farbauftrag exakt einzugrenzen. Selbstverständlich führen auch andere Wege zum Ziel. So könnte auf einer solchen Mauerplatte auch Maskierfilm verwendet werden, jedoch ist das Schneiden auf einem strukturierten Untergrund erschwert. Die Alternative dazu, nämlich das genaue zeichnerische Übertragen der Schnittlinie auf die Maskierfolie (vgl. S. 44) – um diese dann auf einer ebenen Fläche zu schneiden – ist umständlich.

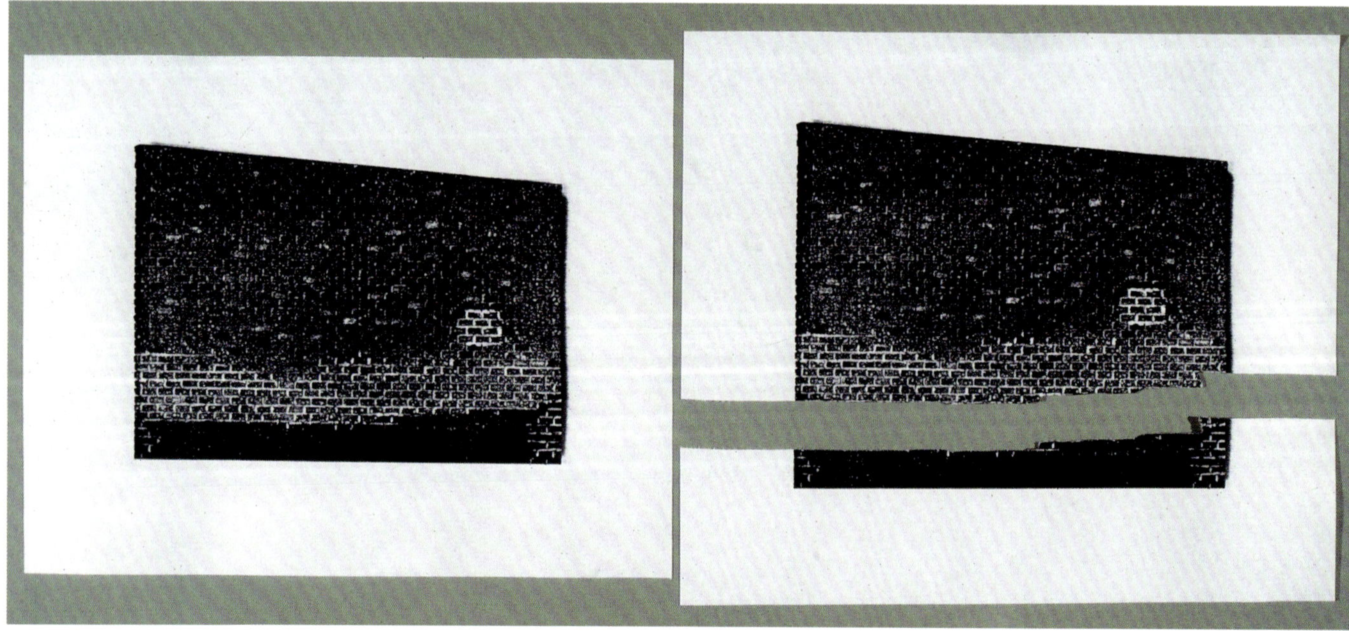

2.4-10 Erst wenn die Architekturmodelle soweit fertig sind, ist das Modul an der Reihe. Nur bei der Spielzeugeisenbahn standen die Gebäude sichtbar *auf* dem Untergrund. Die Grundplatte eines Gebäudemodells verschwindet im Sinne einer realistischen Darstellung natürlich hinter und unter den »Bodenbelägen«. Dafür wird das zusammengesetzte Gebäudemodell auf der noch im Rohbau befindlichen Bahnhofsanlage von Horst Eising befestigt. Wie die Gleisanlage entstehen kann, ist im Buchabschnitt »1 Die Gleisanlage« beschrieben. Es folgt das Spachteln, farbige Grundieren und Einstreuen (Beflocken) der Bahnhofsanlage. Der Airbrush kann mit gespritzten Verläufen für weiche Übergänge in der Farbgebung des Untergrunds sorgen.

2.4-11 Aus der Nähe gut zu sehen: Das Bahnhofsgebäude steht *im* Bahnhofsgelände. Bei der farblichen Überarbeitung des Geländes, während der verschiedenen Bauabschnitte, lassen sich die mit dem Airbrush ausgeführten Farbaufträge wieder durch entsprechend gehaltene Papierbögen begrenzen (s. S. 13). Damit kann auch auf dem Gelände vor der Seitenwand des Güterschuppens mit dem Airbrush vorgegangen werden, ohne dass die Mauer in Mitleidenschaft gezogen wird. Mehr zu farblichen Übergängen zwischen Bauwerken und Untergründen findet sich im Kapitel »Außenwände – ein Pförtnerhaus« auf Seite 64. Dazu kommen Licht und Schatten, zwei Themen, die speziell im folgenden Kapitel angesprochen werden.

Die Schattentiefe – ein Schlüssel zu überzeugender Modellbahn-Architektur

2.5-01 Die beste Voraussetzung, die Wirkungsweise einer Veränderung anschaulich darzustellen, bietet immer der unmittelbare Vergleich »mit und ohne«. Um einen solchen Vergleich zu ermöglichen, entsteht hier das Modell der *BUSCH*-Gewerbehalle 1:87 einmal out-of-box, also direkt aus der Schachtel, und einmal farblich verfeinert. Beide Gebäude werden dafür parallel gebaut, denn eine solche Vorgehensweise erlaubt gleichzeitig einen genaueren Schritt-für-Schritt-Vergleich der einzelnen Bauteilüberarbeitungen.

Das eigentliche Thema heißt »Schattentiefe«. Der Begriff Schattentiefe benennt die Ausprägung der Schattenbereiche, die unter anderem in Innenräumen, durch Überhänge, Hinterschneidungen und Fugen entstehen. Diese Schattentiefe fällt beim Modell maßstabsbedingt erst einmal geringer aus als beim Vorbild. Vor Ort und im selben Licht (!) mit dem Vorbild verglichen, kann ein out-of-box gebautes Modell schon deshalb leicht spielzeughaft wirken. Es gilt also, die Schattentiefe des Modells mit Hilfe geeigneter Farben optisch zu vergrößern. Das Geheimnis beim Herausarbeiten der Schattentiefe besteht in erster Linie darin, dass am fertiggestellten Modell nur der geübte Betrachter gleich feststellt, was geschehen ist. Für alle anderen sieht das Architekturmodell einfach »richtig« aus. Hierin unterscheidet sich ein gut gemachtes Herausarbeiten der Schattentiefe deutlich von Techniken, die dem Verwittern oder Patinieren/Altern dienen. Das Modellgebäude stellt – zumindest erst einmal – ein neuwertiges Bauwerk dar.

2.5-02 Der Bauanleitung folgend beginnt der Aufbau des Modells mit der Bodenplatte. Diese Bodenplatte dient, bis auf zwei sehr schmale Streifen vor den Rolltoren, als Fußboden für das Innere des Gebäudes. Sie soll das Aussehen eines groben Betonbodens in einem wenig ausgeleuchteten Innenraum bekommen. Beim Bausatz besteht sie aus einfarbig grauem Karton. Zum Nachbilden einer körnigen und unregelmäßigen Betonstruktur wird hier der Airbrush verwendet. Bevor die Gewerbehalle auf dieser Bodenplatte montiert wird, gilt es festzulegen, ob und gegebenenfalls wie weit die beiden Rolltore später geöffnet sein sollen. Bleiben diese, wie in der Bauanleitung vorgesehen, geschlossen, kommt allenfalls noch ein Aufhellen der Bodenplatte vor den Toren in Betracht.

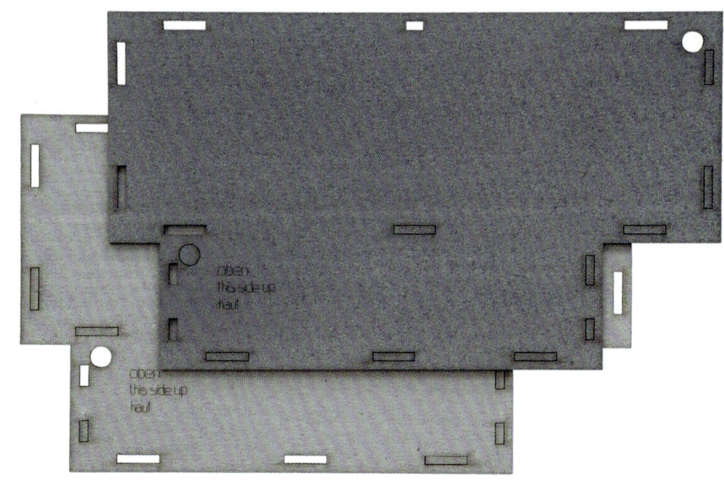

2.5-03 Der Gestaltungsvorschlag auf dem Kartonschuber weicht von der Bauanleitung ab. Das Foto vom fertiggestellten Modell präsentiert die Gewerbehalle mit einem hochgezogenen Rolltor. Damit ist der Betonboden, je nach Standort des Betrachters, nicht nur durch die schmalen Fenster, sondern auch durch die große Toröffnung sichtbar, soweit letztere nicht mit anderen Dingen zugestellt wird. Zudem fällt mehr Licht in den Innenraum. Damit sind wir beim eigentlichen Thema, der Schattentiefe, angelangt und als Erstes gilt es, für das geöffnete Rolltor zu klären, wie der scalegerechte Lichteinfall durch die Toröffnung hindurch aussehen könnte.

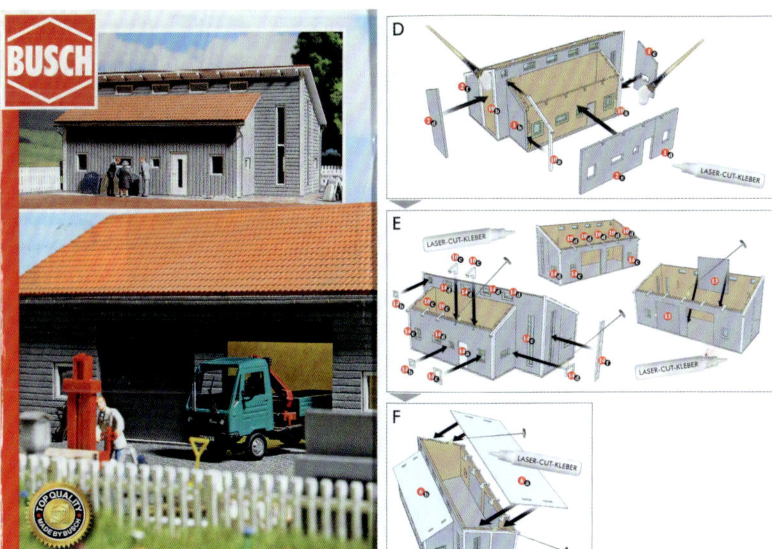

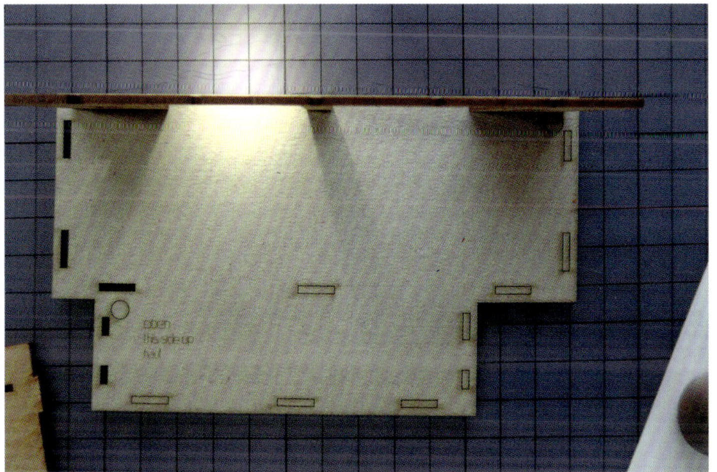

2.5-04 Einen ersten Eindruck gewähren ein kleines Spotlight und die Hauswand für die Torseite. Die Hauswand wird dafür provisorisch in die Bodenplatte gesteckt. Als Spotlight dient hier eine Taschenlampe, die das von oben kommende Licht liefert. Mit Hilfe des ausgerichteten Lichtscheins lassen sich Winkel und Verlauf eines zu betonenden Lichteinfalls einschätzen und festlegen. Auf der Bodenplatte, über der die Halle noch fehlt, kann dies im ersten Moment natürlich überzeichnet wirken. Doch gerade eine gezielte Überzeichnung liefert schließlich die gewünschte Betonung der Raumtiefe.

2.5-05 Auf der Bodenplatte zeigen zwei Bleistiftmarkierungen die Position der Türöffnung. Die seitliche Begrenzung des Lichtverlaufs geht von diesen Punkten aus. Der Betonfußboden ist direkt an der Türöffnung am hellsten und verliert in den Raum hinein an Helligkeit. Da die Bodenplatte bereits für das Zwielicht des Innenraums vorbereitet ist, erfolgt eine Aufhellung ausgehend von der Türöffnung. Für das Spritzen/Sprenkeln dieses Verlaufs mit dem Airbrush wird die vorgesehene Fläche seitlich, ausgehend von den Bleistiftmarkierungen, durch Pappen begrenzt.

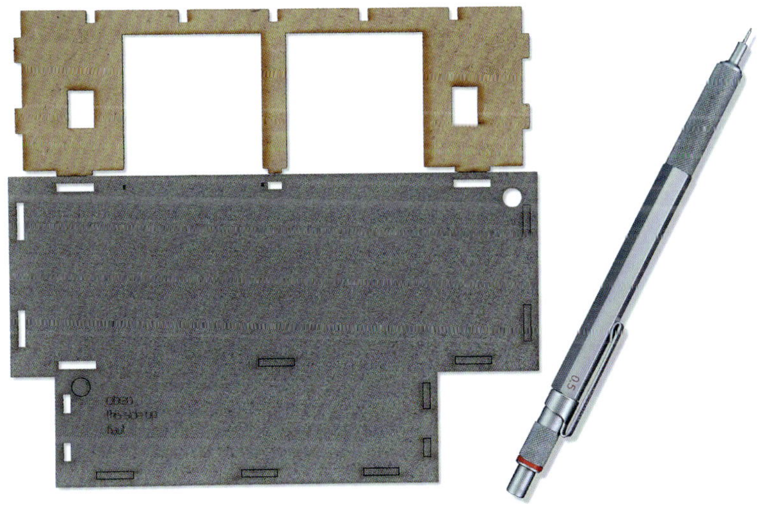

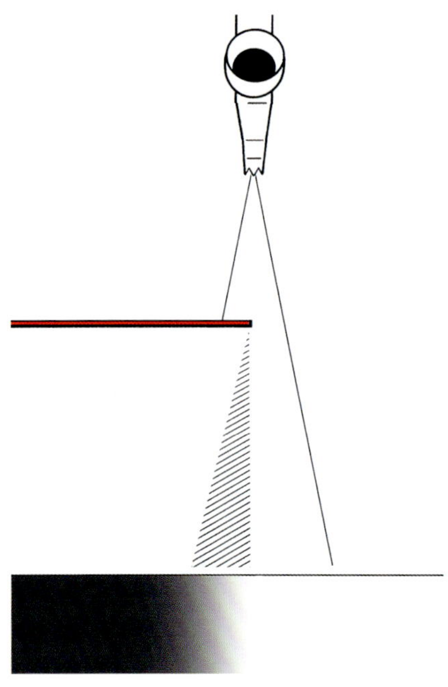

2.5-06 Soweit die Pappen zur Begrenzung des Spritzbildes nicht unmittelbar auf dem Untergrund aufliegen, entsteht auch ein kurzer, seitlicher Verlauf. Eine Schnittgrafik kann verdeutlichen, wie der Sprühstrahl des senkrecht gehaltenen Airbrushs durch die Pappe begrenzt wird und statt einer scharfen Kante eine Unschärfe entsteht. In der richtigen Höhe liegen die Pappen über Abstandshaltern wie Münzen oder Streichholzschachteln, die ausreichend Platz zur Seitenkante haben müssen, damit sie sich nicht im seitlichen Unschärfebereich abzeichnen. Benutzte Briefumschläge von ausreichender Stabilität leisten anstelle von Pappen ebenfalls gute Dienste. Je größer der Abstand zwischen Bodenplatte und Abstandsmaske, desto weicher wird der seitliche Verlauf.

2.5-07 Der von der Türöffnung in den Innenraum führende Verlauf verliert seine Intensität sehr gleichmäßig. Um sicher beurteilen zu können, ob und wie stark der zu betonende Lichteinfall bereits dargestellt ist, sollten die Abstandsmasken (Pappen/Umschläge) während des Arbeitens mit dem Airbrush schon frühzeitig einmal beiseite gelegt werden. Ist die Betonung des späteren Lichteinfalls fertiggestellt, darf der schmale, außen liegende Bodenstreifen vor dem zweiten, geschlossenen Rolltor nicht – wie hier geschehen – vergessen werden! Auch diesen Streifen gilt es in gleicher Stärke, wie vor dem ersten Tor mit dem dargestellten Lichteinfall geschehen, aufzuhellen.

2.5-08 Der Bausatz sieht einen sandfarbenen Karton als Rückwand für die Gewerbehalle vor. Soweit eines der beiden Rolltore oder beide hinreichend weit geöffnet werden, zeigt verständlicherweise auch diese gegenüberliegende Wand entsprechende Lichtpartien. Da jedoch lediglich ein Rolltor im unteren Bereich offen stehen soll, erhält die Wand nur einen für den Innenraum passenden grauen »Anstrich«. Danach kann es mit der Montage der Wände auf der Bodenplatte gemäß Bauanleitung losgehen.

2.5-09 Licht und Schatten gilt es auch auf der Verkleidung der Außenwände scalegerecht zu betonen. Stichwort Schattentiefe: Die Oberkanten der Wandverkleidungen werden dort, wo sie unter die Dachüberstände reichen, mit Grau vorschattiert. Dies geschieht aber erst, wenn die Seitenwände nach oben hin leicht aufgehellt sind. Mit diesen – wiederum scalegerechten – Aufhellungen hat es folgende Bewandtnis: Aus der Perspektive eines maßstäblich verkleinerten Menschen geht der Blick nach oben, wenn er vor dem Gebäude steht und in Richtung Dach schaut. Je weiter sein Blick dabei nach oben geht, desto heller erscheint die Wand. Dieses Phänomen wird in der Regel nicht bewusst wahrgenommen, lässt die Welt im Kleinen aber durch ein gezieltes Umsetzen auf der Modellbahn-Architektur sehr real erscheinen. Für die farbliche Umsetzung wird natürlich auch hier der Airbrush benutzt. Nicht zu vergessen sind dabei die Dachüberstände selbst, die an ihrer Unterseite vorschattiert werden.

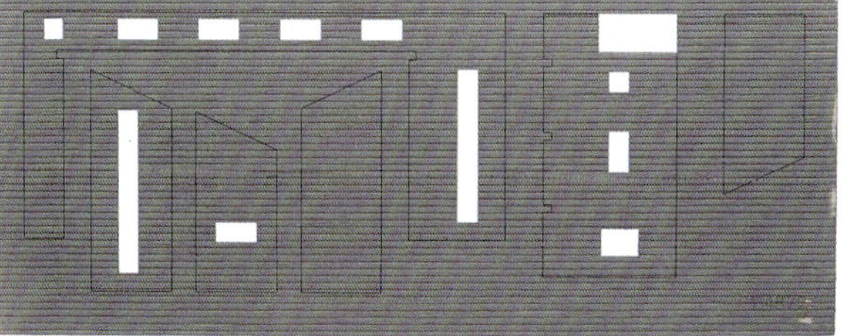

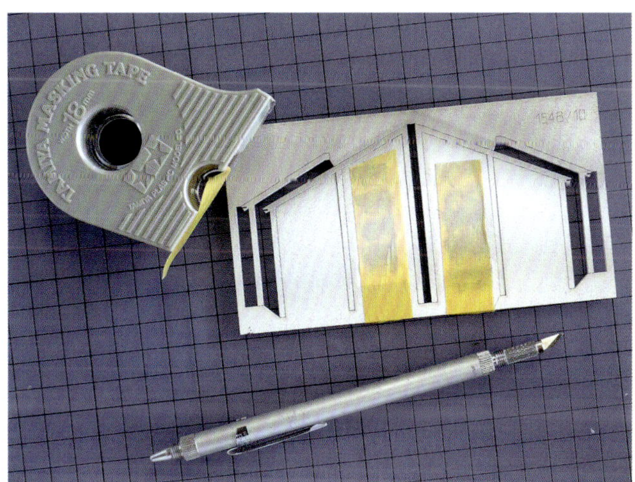

2.5-10 Für die farbliche Vorbereitung von Bauteilen kann es vorteilhaft sein, die vorgeschnittenen Teile erst einmal in ihrem Rahmen zu belassen. Sie können darin meist wesentlich besser festgehalten werden. Nun sind dort aber oft unterschiedliche Bauteile direkt nebeneinander angeordnet, wie etwa bei den hellen Holzteilen. So ist ein Übersprühen der Balken in diesem Rahmen erst nach dem Abdecken anderer Bauteile möglich. Ein gängiges Hilfsmittel zum Abdecken kann Maskierband (*Masking Tape/TAMIYA*) aus dem Plastikmodellbau sein. Ob ein solches Maskierband im Einzelfall wirklich geeignet ist, müssen natürlich Vorversuche erweisen. Die Platten, aus denen die vorgeschnittenen Teile später herausgetrennt werden, bieten genug Testmaterial.

2.5-11 Auch die Rolltore erhalten an ihrer Oberkante eine Vorschattierung. Da sich die Segmente beim Öffnen der Modelltore materialbedingt nicht aufrollen lassen, wird das Tor vorher auf die gewünschte Länge gekürzt, soweit es nicht als geschlossenes Tor eingebaut werden soll. Die Segmente des Rolltors treten durch das Ziehen feiner grauer Linien entlang der horizontalen Segmentstöße deutlicher hervor.

2.5-12 Für geradlinige Schattenverläufe sind Lineale hilfreich. Spezielle Linealführungen, die es als Zubehör für bestimmte Geräte gibt, erleichtern zudem das Arbeiten mit Linealen, wenn diese über eine Tusche- oder Schneidekante verfügen. Eine solche Linealführung, auch *Distance Cap* genannt, lässt den Airbrush an der Tusche- oder Schneidekante des Lineals entlanggleiten und stellt zugleich sicher, dass sich Sprühstrahl und Linealkante nicht zu nahe kommen.

Für den notwendigen Abstand des Lineals und damit des Airbrushs vom Spritzgrund, hier also von den Rolltoren, sorgen in diesem Fall Streichholzschachteln, die unter dem Alulineal liegen.

2.5-13 Die Rolltore des Bausatzes bestehen aus leichtem, doppelwandigen Kunststoff. Beim Kürzen ist darauf zu achten, dass entweder eine Verbindungswand, die die beiden Außenseiten auf Abstand hält, an der Unterkante bündig stehenbleibt, oder aber ein Reststück aus einer der hellen Holzplatten hineingeschoben und farblich angeglichen wird.

2.5-14 Das für die Rolltore verwendete Material ist nicht vollständig lichtdicht. Soll hinter einem der Tore eine Lichtquelle installiert werden, bekommt das Rolltor noch eine zusätzliche, deckende Farbschicht. Dabei darf nicht vergessen werden: Dieser Farbauftrag sollte dann ebenfalls als unmerklicher Verlauf angelegt werden. Auch ist darauf zu achten, dass beim Einsetzen des Tors zumindest oben und an den Seiten kein (Licht-)Spalt bleibt.

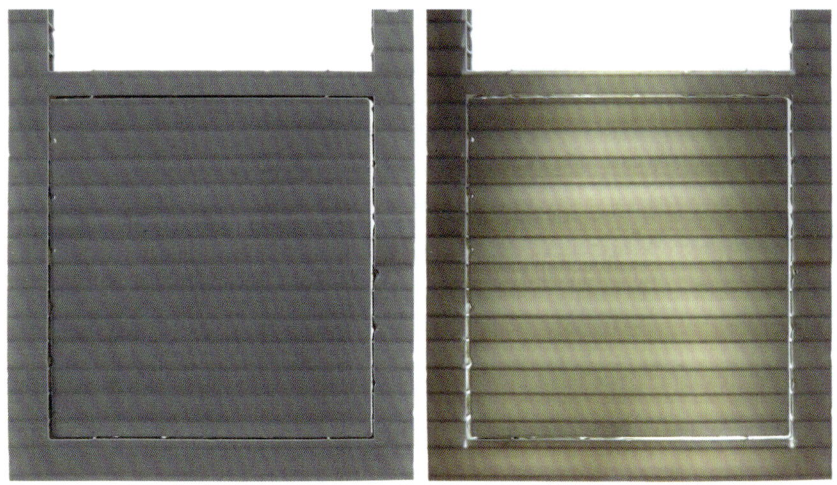

2.45-15 Den Dachziegeln des Bausatzes fehlt ebenfalls die scalegerechte Plastizität. Um das Ziegeldach immer noch neuwertig, aber plastischer erscheinen zu lassen, wird die gesamte Ziegelplatte mit einem leicht dunkleren Ziegelton fein überspritzt. Dieser sehr dünne Farbauftrag lässt sich gleich im Anschluss an das Spritzen von den obenliegenden Ziegelpartien wieder abreiben, wenn mit geeigneten Acrylfarben gearbeitet wird. Soll ein sehr heller Ziegelton erhalten bleiben, werden die Dachziegel erst vollständig aufgehellt und dann mit dem Originalton überspritzt.

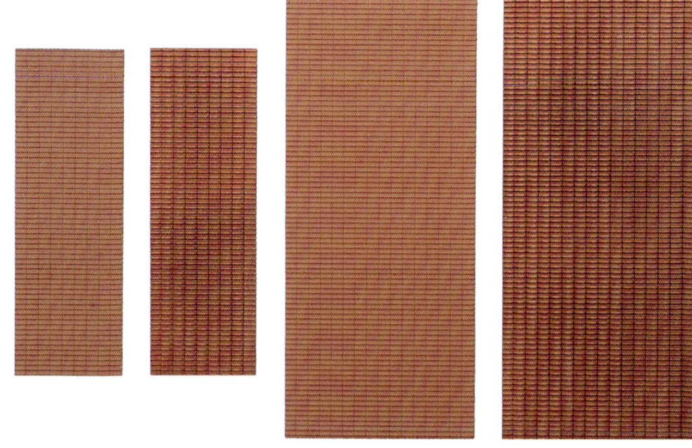

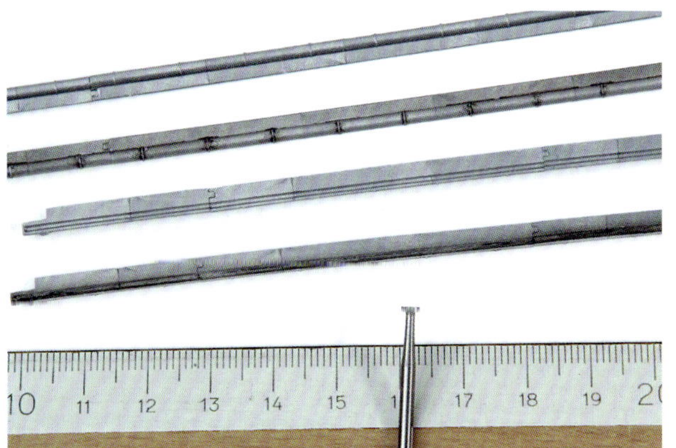

2.5-16 Die Dachrinnen werden zum Schluss zusammen- und angesetzt. Aus jeweils 3 Teilen eines Universalspritzlings, der sich für verschiedene Bausätze verwenden lässt, entstehen die Dachrinnen in der benötigten Länge. Da die Wandstärke der Rinne nach außen hin etwas kräftig erscheint, wird sie für das überarbeitete Modell mit Hilfe eines geeigneten Fräsers verringert. Das Innere der Rinne lässt sich anschließend mit einem Grafhitton abdunkeln, und auch die rückwärtige Unterseite der Rinne wird mit diesem Ton schattiert. Die Rinneisen betont ein schnelles Washing mit Ölfarbe.

Das Montieren der Fallrohre erfolgt nach dem Ansetzen der Rinne, damit sich die Rohre dann nach dem Verkleben präzise ablängen lassen. An der Unterseite des schräg zum Gebäude geführten Rohrteils betont eine leichte, frei gespritzte Schattierung die Plastizität des Fallrohrs.

2.5-17 Im unmittelbaren Vergleich lässt sich gut betrachten, wie viel Akzentuierung der Schattentiefe an welchen Stellen scalegerecht wirkt. Auf den meisten Modellbahnen herrscht ein recht diffuses Licht aus mehreren Lichtquellen, und darauf sollte das farbliche Herausarbeiten der Schattentiefen abgestimmt sein. Ist das geschehen, wird der Betrachter das Modell selbst bei hartem Schlaglicht, wie es etwa Spotlights hervorrufen, als stimmig empfinden. Dies mag im ersten Moment überraschen, zeigt sich jedoch schnell in der Praxis als richtig. Darüber hinaus kann das Modell dann später, aufbauend auf das erfolgreiche Herausarbeiten der Schattentiefen, natürlich auch glaubhafte Alters- und Verwitterungsspuren erhalten, wenn ein etwas in die Jahre gekommener Zweckbau dargestellt werden soll.

Außenwände – ein Pförtnerhaus

2.6-01 Zeugnisse eines alten Arbeitskampfes sind noch auf der Wand zu sehen. Witterungseinflüsse haben den Putz gezeichnet. Alle 4 Wände unterscheiden sich voneinander (Putz, Backstein, Stahlfachwerk an den Schmalseiten, auf einer Seite mit Vordach). In unserem Kontext ist jede für sich interessant durch die Art und Weise, wie sie während des Modellbaus gestaltet wird. Dabei ergänzen sich unterschiedliche Farbaufträge, teilweise mit dem Airbrush, teilweise duch verschiedene Washings. Die Parole der Arbeiterbewegung ist mit Hilfe eines Decals (= Nassschiebebild) auf die Wand gekommen, der Firmenschriftzug auf dem Dach besteht aus einem individuell angefertigten LaserCut-Teil.

2.6-02 Die verwendeten Bausatzteile gehören ursprünglich zum Anbau eines Werkstatt-Ensembles (*MKB*). Die perspektivische Aufsicht zeigt, dass es eigentlich um ein recht einfaches Modell geht, welches ein wenig umgestaltet und ergänzt wurde. Um diesen Anbau zu einem Pförtnerhaus werden zu lassen, erhielt das Modell eine längere Grundplatte und ein im gleichen Maße verlängertes Dach, damit die Ein- und Ausgehenden nicht im Regen stehen.

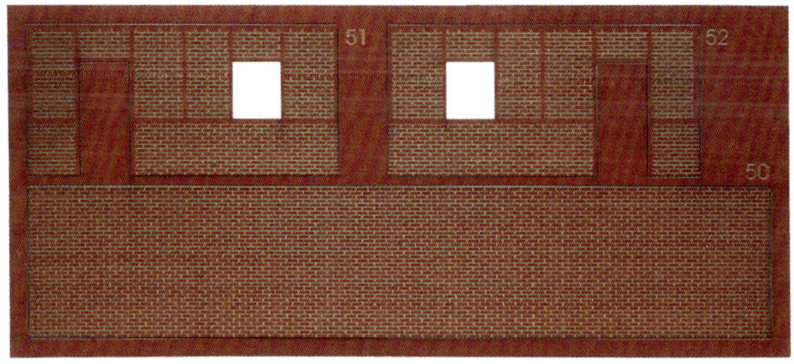

2.6-03 Das Mauerwerk ist mittels Lasergravur auf durchgefärbtem Karton dargestellt. Um die Fugen zu betonen und dem Mauerwerk einen Hauch von Unregelmäßigkeit zu verpassen, ist ein Pigment-Washing auf einem Architekturkarton ein probates Mittel. Da durch ein helles Pigment-Washing auch die dargestellten Steine aufgehellt werden, wurden hier die Wandteile im Vorwege mit dem Airbrush flächig abgedunkelt. Liegen dann ein unbehandeltes und ein nachbearbeitetes Wandstück nebeneinander, sollte ein deutlicher Unterschied sichtbar sein.

2.6-04 Tuschefüller und Pinsel helfen dabei, einzelne Steine hervorzuheben. Selten sehen beim großen Vorbild alle Steine einer Mauer wirklich identisch aus und mit diesen Werkzeugen lassen sich einzelne Steine gut akzentuieren. Dafür empfehlen sich fein pigmentierte, nicht zu stark deckende Airbrushfarben. Hier sind die Anwendungshinweise und Empfehlungen der Hersteller zu beachten. Wie gut die Farben dann im Tuschefüller fließen, hängt von der Röhrchen-/Strichstärke des Tuschefüllers und von der jeweiligen Farbsorte ab. Eine passende Kombination herauszufinden, kann manchmal etwas Geduld und gegebenenfalls Verdünnung erfordern.

Damit kleine Bauteile beim Überarbeiten »ortsfest« bleiben, liegen sie auf der selbstklebenden Seite von etwas breiterem Maskierband. Dieses breitere Maskierband fixieren schmalere Maskierband-Streifen auf dem Tisch.

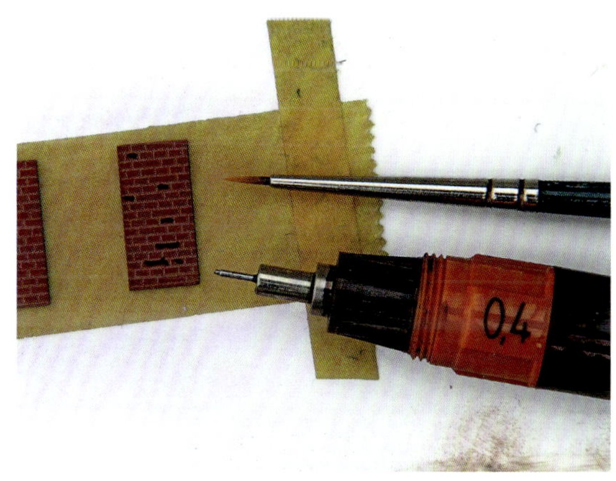

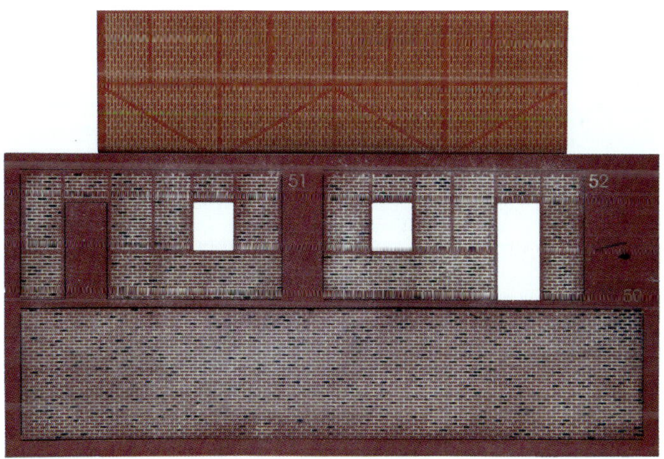

2.6-05 Ein Pigment-Washing mit hellen Pigmenten betont die Fugen. Zudem bleibt auch auf den nachgebildeten Steinen vereinzelt Pigment zurück, sodass diese dabei eine leichte Aufhellung erfahren. Im erneuten Vergleich mit einer unbehandelten Mauerplatte aus dem LaserCut-Bausatz ist die gewünschte, vorbildgetreue Veränderung deutlich sichtbar.

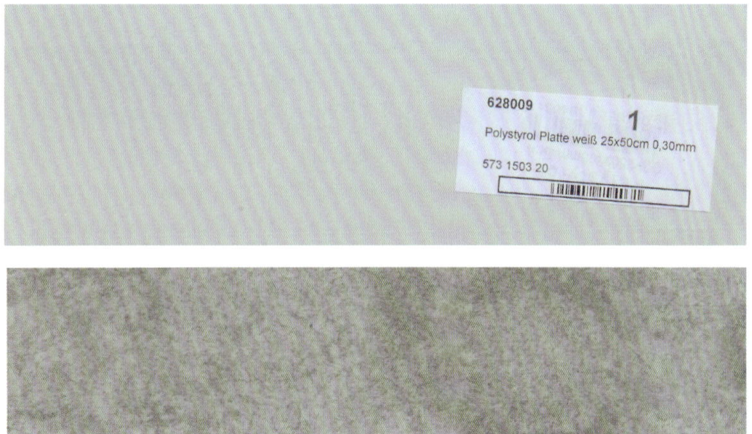

2.6-06 Die Grundplatte der verputzten Wand stammt aus dem Modellbauzubehör. Unter ihrer englischen Bezeichnung »*Plastic Sheet*« gibt es solche Platten in verschiedensten Stärken und Maßen von unterschiedlichen Anbietern. Diese stammt aus dem Evergreen-Sortiment. Auf die passende Größe zurechtgeschnitten und entfettet, erhält sie ihre Putzstruktur in der Art und Weise, wie sie im Kapitel 2 schon beschrieben wurde. Natürlich ist im Gegensatz zu diesem Rauputz auch die Darstellung einer glatten Putzwand möglich, indem die Kunststoffplatte flächig mit matten Farben eingefärbt wird.

2.6-07 Eine Sprenkelkappe und Pigmente leisten wieder wertvolle Hilfe. Die verputzte Wand des Pförtnerhauses soll rau und »in die Jahre gekommen« aussehen. Mit dem rötlichen Pigment (*Artitec*) lässt sich andeuten, dass der Putz nicht mehr im besten Zustand und schon soweit verwittert ist, dass die roten Steine beginnen, wieder zum Vorschein zu kommen.

Die grünlichen Pigmente zeigen, an welchen Stellen sich Moos in der porösen Oberfläche angesiedelt hat. Der gesprenkelte Farbauftrag der Grundfarbe(n) sorgt dafür, dass sich das Pigment-Washing sehr gut verfängt. Als Versiegelung des Washings dient ausnahmsweise ein hochglänzender Klarlack. Weshalb es zu dieser Ausnahme kommt, erläutert das Folgende.

2.6-08 Die soweit fertiggestellten Wandelemente werden zusammengesetzt. Dies geschieht, obwohl auf der verputzten Wand noch eine ziemlich verblichene Streikparole zu sehen sein soll. Der Grund für das vorzeitige Zusammenbauen liegt darin, dass ich anhand von Fotokopien in unterschiedlicher Größe die endgültigen Maße für das Decal (= Nassschiebebild) mit der Durchhalteparole festlegen wollte. Am aufgestellten »Rohbau« erschien mir dies am einfachsten, da ich keine Vorlage zum direkten Größenvergleich hatte.

2.6-09 Diese historische Hamburger Streikparole ist authentisch. Und für alle, die des Plattdeutschen nicht so mächtig sind, sei sie schnell übersetzt: »Jungs haltet durch! (Jungs bleibt dran) | Wo wir zusammengestanden haben, | hat uns noch keiner etwas getan.«

Jungens holt faſt!
Wo wie tohoop hebbt ſtohn,
Hett uns noch Nüms wat dohn.

Mit einem Laserdrucker als Decal ausgedruckt, lässt sich diese Streikparole gut auf die verputzte Wand aufbringen. Natürlich ist auch mit dem Airbrush und passendem Maskierfilm ein überzeugendes Ergebnis zu erzielen, doch wäre dies eben sehr aufwendig. Das Decal ist dann auch der Grund für die hochglänzende Versiegelung der Wand. Damit das Aufbringen des Nassschiebebildes ohne »Silbern« gelingt, bekam die Wand erst einmal ihren hochglänzenden Klarlacküberzug. Das sogenannte »Silbern« entsteht durch feinste Lufteinschlüsse, die sich unterhalb des Nassschiebebilds auf matten Farbaufträgen abzeichnen und auf geschlossenen Oberflächen (Glanz!) kein Thema sind. Abschließend wird das Decal der Streikparole mit einem Mattlack eingebettet und damit – auch vom Glanzgrad her – in die Umgebung des Gebäudes vollständig integriert.

2.6-10 Das fertiggestellte Modell des Pförtnerhauses hat jetzt eine vorbildgerecht verputzte und »verzierte« Hauswand. Das Decal ist als solches nicht mehr auszumachen. Unten an der Hausseite wird nach dem Aufstellen und Einfassen des Gebäudes noch der Schmutz, der vom Untergrund hochgewirbelt wurde, durch Überspritzen der Wand mit Acrylfarbe nachgebildet.

Durch die Nahansicht sind auch Details des Firmenschriftzugs auf dem Dach gut zu erkennen. Der Schriftzug »FABER & CONS. SCHIFFSWERFT« ist im LaserCut-Verfahren entstanden, er lässt sich natürlich alternativ auch im 3D-Druck herstellen. Ihre blaue Farbe erhielten die einzelnen Lettern (im Englischen: Rooftop Letters) mit einem Tuschefüller, der schon im Zusammenhang mit dem Mauerwerk (Foto 2.6-04) Thema war. Verwendet wurde wieder Airbrushfarbe, aufgetragen wurde sie in mehreren Durchgängen. Natürlich ließe sich die Farbe für den Firmenschriftzug auch mit Hilfe des Airbrushs aufbringen, aber der Aufwand, den das Maskieren mit sich bringen würde, erzielt kaum bessere Ergebnisse, lohnt also nicht.

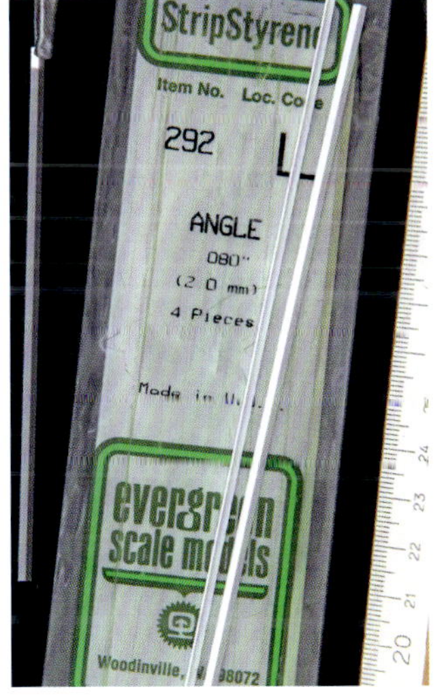

2.6-11 Die Schutzwinkel für die Mauerecken und die Pfeiler des Dachüberstands sind ebenfalls aus Kunststoff (*Evergreen*). Gebraucht wurden die Schutzwinkel beim Vorbild, um den Gebäudeecken Schutz gegen anstoßende Lastkarren und ähnliche Unbill zu bieten. Für den Modellbauer ist eine Vielzahl an Winkeln, Profilen sowie Stäben verfügbar. Sie lassen sich mit Modellbaufarben problemlos gestalten. Beim Farbauftrag mit dem Airbrush helfen Krokodilklemmen dabei, die kleinen Bauteile gut zu halten und – wenn gewünscht – einen allseitigen Farbauftrag zu ermöglichen.

2.6-12 Einen Pförtner in persona soll es auch geben. Selbst bei den kleinen Figuren ist das Thema »Schattentiefe« relevant, und zwar in erster Linie in Form einer (feinen) Kontrastverstärkung. Ob und wie gut die überarbeitete Pförtnerfigur allerdings hinter seiner Fensterdurchreiche und seinem Durchsprecher zu sehen sein wird, hängt hier von einer Reihe hinzukommender Faktoren ab.

2.6-13 Bei viel Licht und geringem Betrachtungsabstand ist der Pförtner im Gebäude sichtbar. Die Fensterfolie, die von ihrer Materialstärke her nicht maßstäblich sein kann, schluckt viel Licht und reflektiert das Grau des Vorplatzes. Im Dienstzimmer gibt es ein kleines Oberlicht, dessen Lichteinfall aber nur minimal ist und sich als Hintergrundbeleuchtung nicht auswirkt. Lediglich an der geöffneten Durchreiche ermöglicht die Kontrastverstärkung doch eine bessere Sichtbarkeit des Pförtners, die sich aus etwas größerer Entfernung aber auf die Hände beschränkt.

2.6-14 Bei Dunkelheit und Lampenlicht ist die Gestalt des Pförtners besser auszumachen. Lichtquellen im Gebäudeinneren, wie eine Schreibtischlampe auf dem Tresen, schaffen ein schwaches Gegenlicht, vor dem sich die Figur abzeichnet. Eine starke Lichtquelle in Form einer Deckenleuchte direkt über dem Pförtner würde seine Sichtbarkeit verbessern. Aber selbst dann ist davon auszugehen, dass er farblich nicht allzu fein, dafür aber kontrastreich ausgearbeitet sein muss, damit er recht deutlich im Pförtnerhaus sichtbar wird.

2.6-15 Beim Vorbild verschmutzen Regen und hochgespritzte Nässe die Wände in ihrem unteren Bereich. Dadurch findet eine farbliche Angleichung zwischen Boden- und Wandflächen statt (auf der Seite der verputzten Wand war dies schon Thema). Um diese farbliche Angleichung entlang der Fuge zwischen Boden- und Wandteilen ohne farbliche Brüche resp. Absätze nachzubilden, entstehen diese Spuren erst nach dem Aufstellen und Einfassen des Pförtnerhauses auf dem Modul beziehungsweise auf der Anlage.

Der Farbauftrag erfolgt in erster Linie mit dem Airbrush. Die Zielrichtung für den Airbrush liegt direkt dort, wo das Pflaster an die Wand stößt, oder leicht darüber, wenn sich viel Schmutz auf der Wand befinden soll. Dadurch sind die direkt ans Gebäude angrenzenden Pflastersteine automatisch mit in diesen Arbeitsgang einbezogen, es kann also ein stimmiger Gesamteindruck entstehen (mehr zum Thema »Pflastersteine« im Kapitel 3.1 ab S. 116). Neben der Anforderung, den Airbrush dafür möglichst geradlinig entlang der Fuge zu ziehen, darf der Sprühstrahl nicht über das Mauerende hinausgelangen. Ein Bogen Papier/dünne Pappe, am Mauerende etwas hinter die Wandebene zurückversetzt gehalten, gewährleistet dies.

2.6-16 Abschließend gilt es noch zu prüfen, ob an einzelnen Stellen des fertigen Pförtnerhauses vielleicht nachgebessert werden sollte. Neben den Wänden erhielten vor dem endgültigen Zusammenbau auch der Betonsockel, das Dach mit dem Firmenschriftzug und dem scratch-gebauten Schornstein, das Fachwerk sowie Türen und Fenster eine farbliche Überarbeitung. Desgleichen gilt für die Stützen des Dachüberstands und die Armierung der Mauerecken. Die Stellen, an denen ein Farbauftrag vergessen oder beim Bauen vielleicht beschädigt wurde, werden meist recht klein sein. Deshalb eignen sich zum Ausbessern oder Ergänzen ein sehr feiner, für die gewählte Farbsorte gut geeigneter Pinsel in der Stärke 5/00 bis 10/00 und die schon vorab verwendeten Farben.

Innenansichten – ein Industriebahn-Lokschuppen

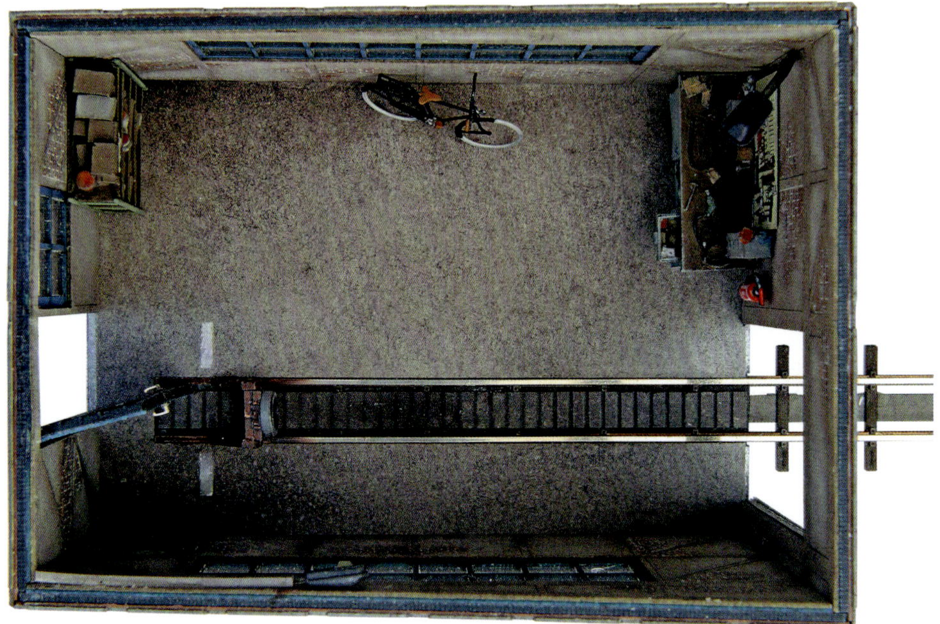

2.7-01 Auf die innere Schönheit kommt es an! Der Blick von oben in den Innenraum des kleinen Lokschuppens zeigt schön die Details. Dargestellt ist eine einfache Werkstatt, in der Industrie- und Feldbahnloks gewartet oder einfach nur abgestellt werden. Möglichst kostengünstig sollten solche Gebäude beim großen Vorbild errichtet werden, mit einfachen Mauern, ohne gesonderte Isolierung und innerhalb eines Stahlfachwerks, das für Standfestigkeit sorgte. Thermische Spannungen und Feuchtigkeit ließen innen bald den Putz abbröckeln und führten zu Verfärbungen auf den Innenseiten der Wände. Einfach verglaste Fenster trugen das Ihre dazu bei. Ein simples Werkstattregal, eine schlichte Werkbank für kleinere Arbeiten, ein Feuerlöscher und zwei Leuchten, die für ausreichendes Licht sorgen sollen, bilden die Grundausstattung. Dazu ein Prellbock, der Hintertür und Rückwand vor wegrollenden Fahrzeugen schützt. Noch nicht geklärt ist, ob und wie in Zukunft geheizt werden soll und ob ein Altölfass im Innenraum stehen darf. Das Fahrrad für den Arbeitsweg darf es. Die Frage, ob und inwieweit das Thema Inneneinrichtung im H0-Maßstab 1:87 auf die Spitze getrieben werden sollte, stellt sich nicht; das Vergnügen, ein solches Modell zu bauen, steht im Vordergrund.

2.7-02 Der Lokschuppen an sich ist schon out-of-box gebaut ein ansehnliches, kleines Gebäude. »Out-of-box« bedeutet im Modellbau, dass ein Modell so, wie es aus der Schachtel kommt, zusammengesetzt wird, ohne Extra- oder sogenannte Zurüstteile. Alle Gebäudebauteile, mit Ausnahme der Fensterfolie, sind bei diesem Bausatz von MKB Laser-Cut-Teile aus durchgefärbtem Karton. Die feinen Gravuren bringen eine Menge Details auf den Innen- und Außenwänden, auf den Türen und auf dem Dach zum Vorschein. Das Tor ist offen stehend dargestellt, das Gleis in den Schuppen fehlt bei diesem Neubau noch.

2.7-03 Auch die Tür des Hinterausgangs ist eine schön gravierte Holzimitation. Die »Glas«scheiben in der Tür und das danebenliegende Fenster lassen zusammen mit den langen Fenstern an den Seitenwänden und dem geöffneten Tor ordentlich Licht in den Innenraum. Gleichzeitig geben sie natürlich den Blick frei auf das, was innen passiert. Eine Inneneinrichtung gibt es hier noch nicht, sie wird »wie im richtigen Leben« gesondert bei den entsprechenden Lieferanten bestellt, ebenso wie gegebenenfalls eine funktionierende Beleuchtungseinrichtung. Zu diesen Dingen später mehr.

2.7-04 Wie das *BUSCH*-Gleis in die Bodenplatte integriert wird, zeigt sich an der Unterseite des fertigen Schuppens. Damit beim Betrieb mehrerer Loks eine von ihnen sicher abgestellt werden kann, ist hier das Einpassen eines isolierten Anschlussgleises empfehlenswert. Soweit die Gleise schon fest auf dem Modul verlegt sind, ist vor dem Aufsetzen des Gebäudes darauf zu achten, dass die Schienen bündig mit der Schwelle enden. Die Schwellenenden lassen sich dann in den seitlichen Aussparungen sauber verkleben.

2.7-05 Die Bodenplatte bildet die Basis für den Bau des Gebäudes. Das *BUSCH*-Anschlussgleis wird jetzt als erstes darin verlegt. Für die »gesuperte« Version des Lokschuppens erhält der Fußboden nun sein werkstatttypisches Aussehen. Verschiedene Pigmente aus dem Pigmentsortiment von *Artitec* werden dafür mit verschiedenen Pinseln ganz unterschiedlicher Größe und Härte aufgebracht und verrieben. Nicht vergessen: Durch die geöffneten Türen fällt Licht ein, hier kann der Boden heller sein.

Die Farbgebung auf dem Schuppenboden darf in den ersten Arbeitsschritten durchaus ein wenig zu kontrastreich ausfallen, denn durch das folgende Überspritzen mit Pigment-Fixer und/oder Mattlack verringert sich der Kontrastumfang meist wieder. Wenn vorbereitend dazu, also vor dem Überspritzen der Bodenfläche, auf den Schienen mit einem ölgetränkten Wattestäbchen entlanggefahren wird, lässt sich das Gleisstück am Ende aller Farbaufträge problemlos wieder für den Fahrbetrieb reinigen.

2.7-06 Die Anzahl der Bauteile für den Lokschuppen ist überschaubar. Die stabilen Wände bestehen beim fertigen Gebäude aus drei Lagen, das Fachwerk wird davorgesetzt. Das zweilagige Dach folgt zum Schluss zusammen mit dem Tor an der Einfahrtseite. Ein Ausbreiten aller Bauelemente vor dem Zusammenbau erlaubt einen Überblick, macht mit den Teilen vertrauter und gibt vielleicht schon erste Hinweise darauf, wo besondere Sorgfalt ratsam ist. Die blaue Pappe mit den Fenstersprossen bildet das Grundgerüst der Wände.

2.7-07 Die Tür in der Schuppenrückwand ist Bestandteil des blauen Mauerkerns. Diese Tür ist vom Bausatz her geschlossen dargestellt, soll beim gezeigten Schuppen aber offen stehen. Das farbliche Überarbeiten der Tür geht am einfachsten, nachdem sie an zwei Seiten mit einem sehr feinen Messer von der Wand getrennt wurde (aber noch nicht aufbiegen!). Pigmente, wie schon beim Fußboden verwendet, und gut deckende, mit dem Pinsel aufgetragene Künstlerfarben leisten gute Dienste. Im Vergleich mit einem unbearbeiteten Bauteil wird sichtbar, in welche Richtung eine solche Farbgebung gehen kann. Das Einfahrtstor, das an seiner Unterkante schon sichtbar angegriffen ist, erhält eine gleichartige Behandlung.

2.7-08 Alle zusätzlichen Farbaufträge sollten vor dem Zusammenbau erfolgen. Nur so lassen sich auf den Wänden verschiedene Gestaltungstechniken sinnvoll einsetzen. Die Darstellung von abgeplatztem Putz, von Fugen, Steinen, Schmutz und Fachwerk auf den Innenwänden gelingt im Zusammenspiel von lasierend gespritzten Farbaufträgen und Pigment-Washings. Dazu liegen die Bauteile nebeneinander plan auf der Arbeitsfläche. Wie viel sich mit den Farbaufträgen verändert, wird in der Gegenüberstellung von unbehandelten LaserCut-Teilen mit den farblich gestalteten deutlich.

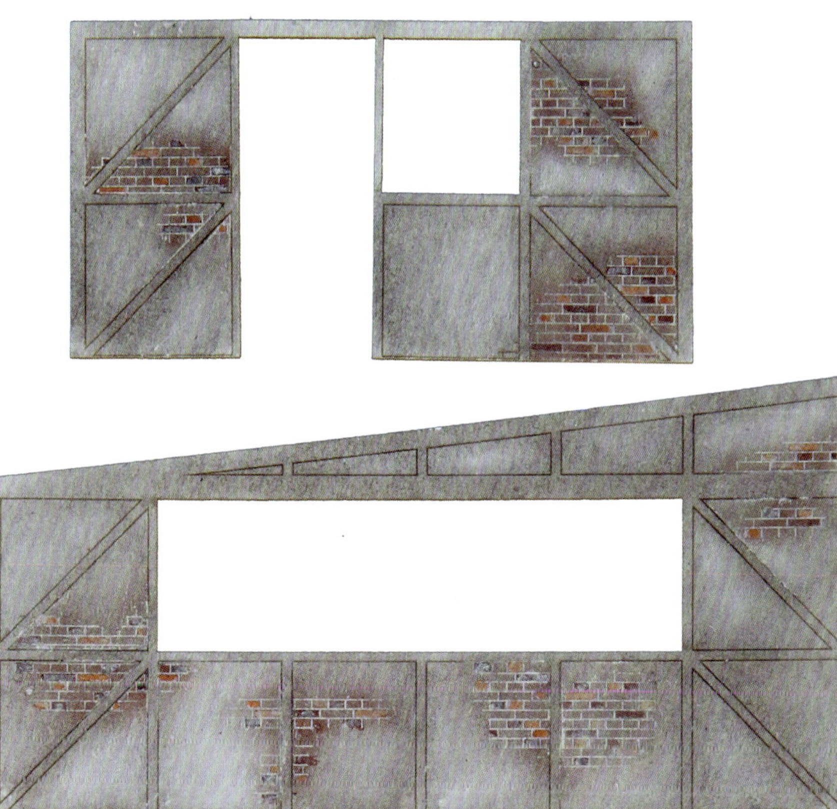

2.7-09 Während der einzelnen Farbaufträge hat der Airbrush nur wenig Distanz zur Mauerplatte. Die fein verlaufenden Farbaufträge zum Hervorheben feiner Details bedingen dies. Für die Praxis bedeutet es, dass der aus dem Airbrush austretende Sprühstrahl dabei mit unvermindertem Spritzdruck auf die Kartonoberfläche trifft. Vorab aufgetragene Pigmente würden also weggeblasen. Deshalb bilden die gespritzten Farbaufträge die Grundlage beim Hervorheben einzelner Stein- und Mauerpartien. Lediglich das Hervorheben einzelner Ziegelsteine mit dem Pinsel (in der Größe 5/0 bis 10/0) und Airbrushfarben kann vorher erfolgen. Erst dann ist das Betonen der Fugen, Risse und Fachwerkskonturen mit Pigmenten an der Reihe. Dafür kommen die Pigmente *Steingrau*, *Weiß* und *schwarze Erde* zum Einsatz, bei den Airbrushfarben waren es verschieden abgestufte Rot-Braun-Töne. Für das Fixieren des Pigment-Washings geht es mit dem Airbrush und Pigment-Fixer bzw. Mattlack weiter, gespritzt wird dann mit wenig Druck aus etwa 15 cm bis maximal 20 cm Abstand. Abschließend lassen sich mit dem Airbrush noch feine Lasuren aus geringerer Entfernung über die Details legen.

2.7-10 Sobald die seitlichen blauen Kartonkerne mit dem vorderen Kartonkern auf der Bodenplatte kleben, folgt das Einpassen der Innenwände. Die Innenwände sollen in den Ecken ohne sichtbaren Spalt aneinanderstoßen und auch auf dem Fußboden sollen die Wände spaltfrei aufliegen. Dies lässt sich beim Zusammensetzen aus der Perspektive des Preiserleins gut bewerkstelligen. Das Einsetzen der Rückwände bildet den Abschluss, denn dafür gibt das offene Einfahrtstor den Blick frei. Zudem findet dann das blaue Mittelstück der Rückwand beim Einpassen gleich auf beiden Seiten Halt. Das ist hier wichtig, weil sich damit sofort zeigt, ob die nun geöffnete Hintertür wirklich parallel zum Fußboden »aufgebogen« wurde oder ob ihr Stand noch korrigiert werden muss. Türklinken und Schließbleche aus geätzten Messingteilen, die später zu sehen sein werden, sollten deshalb erst nach dieser Trockenpassung angesetzt werden.

2.7-11 Die Außenwände bekommen vor dem Aufkleben ebenfalls ein Pigment-Washing. Zu allererst werden die Außenwandteile mit dem Airbrush und Airbrushfarbe etwas abgedunkelt, was in den Wandbereichen, auf die später das Fachwerk geklebt wird, gut sichtbar ist. Airbrushfarbe, mit einem feinen Pinsel (wieder in der Größe 5/0 bis 10/0) zwischen den Fugen aufgetragen, erzeugt zudem den optischen Eindruck sich unterscheidender Steine. Nach dem Aufbringen und Fixieren des folgenden Pigment-Washings zum Betonen der Fugen werden die Fachwerkteile an den Außenwänden angeklebt. Das Fachwerk hat vorab seine graue Farbe mit dem Airbrush und seine Rostflecken mit einem Stupfpinsel (Stupper) erhalten.

2.7-12 Zeit für die Inneneinrichtung. Mit ersten Stellproben kann nun geschaut werden, welche Einrichtungsgegenstände wo sinnvollerweise platziert werden sollten. Zur Minimalausstattung eines Lokschuppens, in dem auch kleinere Wartungs- und Reparaturarbeiten ausgeführt werden sollen, gehört unter anderem ein Feuerlöscher, eine Werkbank mit Werkzeug und ein Regal. Je feiner diese Dinge, zu denen auch die Türklinken gehören, in ihrer Plastizität und Farbgebung sind, desto glaubwürdiger wird später der Gesamteindruck ausfallen.

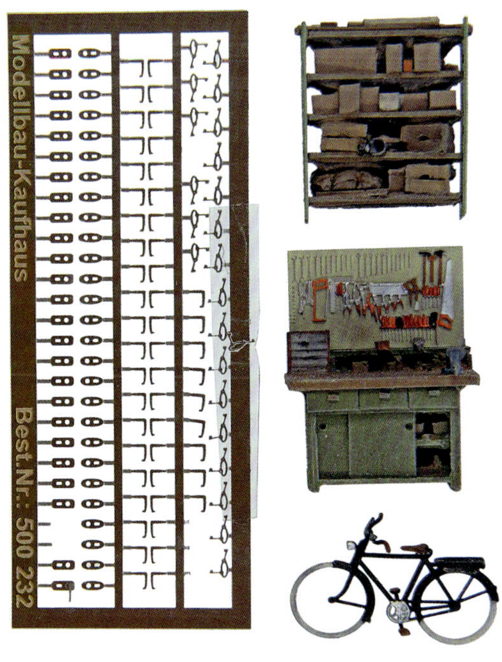

2.7-13 Die Einrichtungsgegenstände für den Lokschuppen lassen sich einbaufertig erwerben. Für alle, die sich noch nicht mit dem Bauen derart filigraner Modelle vertraut gemacht haben, bieten sie zugleich gute Anhaltspunkte bezüglich dessen, was machbar sein kann. Sowohl die Werkbank wie auch das Regal und das Fahrrad stammen von *Artitec*. Eine Kostprobe von den Anforderungen, die das Fertigen kleinster Details mit sich bringt, gibt das Einsetzen der Türklinken und Schließbleche (nebst Schlüsseln, wenn es denn beliebt) an der Hintertür. Damit diese Teile nach dem Heraustrennen aus dem Ätzteil von *Modellbau-Kaufhaus* auffindbar bleiben, empfiehlt es sich, vorher alles mittels Kreppband oder Tesafilm zu sichern.

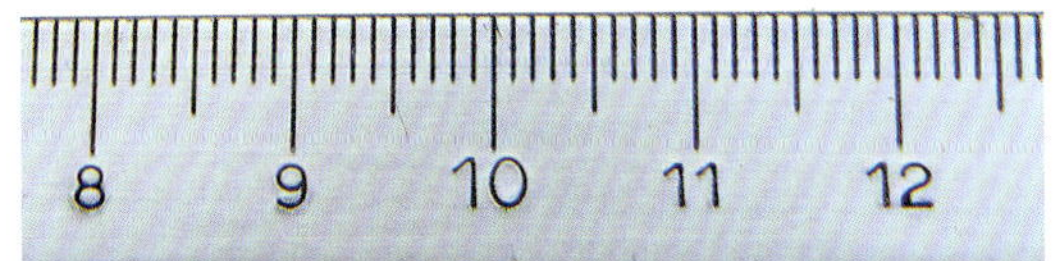

2.7-14 Nach dem Aufsetzen des zweiteiligen Dachs ist der Lokschuppen auf seiner Rückseite fertig. Im Vergleich mit dem out-of-box gebauten Schuppen zeigt sich, wie unterschiedlich die Modelle wirken können. Gut zu sehen ist hier zudem, wie wichtig eine exakt rechtwinklig angeschlagene Tür ist. Vor dem Schließen der Dachöffnung gilt es noch – soweit gewünscht – die elektrische Innenraumbeleuchtung einzubauen und damit bei Dunkelheit eine gute Ausleuchtung der gerade eingerichteten Arbeitsbereiche zu erreichen. Dank LED-Technik gibt es dafür ein breites Angebot im Fachhandel.

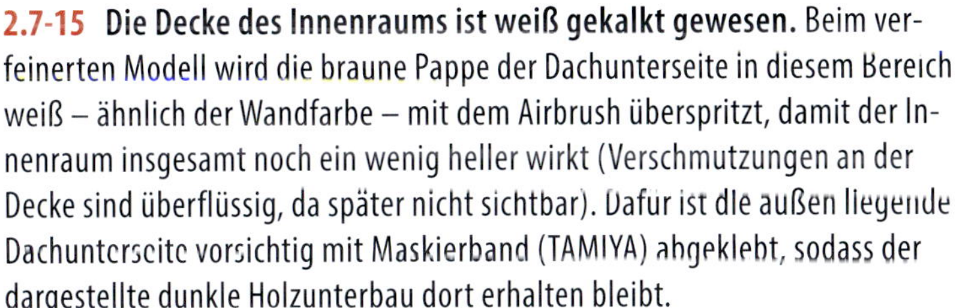

2.7-15 Die Decke des Innenraums ist weiß gekalkt gewesen. Beim verfeinerten Modell wird die braune Pappe der Dachunterseite in diesem Bereich weiß – ähnlich der Wandfarbe – mit dem Airbrush überspritzt, damit der Innenraum insgesamt noch ein wenig heller wirkt (Verschmutzungen an der Decke sind überflüssig, da später nicht sichtbar). Dafür ist die außen liegende Dachunterseite vorsichtig mit Maskierband (TAMIYA) abgeklebt, sodass der dargestellte dunkle Holzunterbau dort erhalten bleibt.

Zudem soll ein weiterer Hinweis zum Dach angesichts des eingefügten Busch-Gleises nicht fehlen: Eine Alternative zum Aufkleben des Dachs auf die Wände ist dessen Befestigung mit kleinen Magneten. Wenn eine Lok im Schuppen Anfahrprobleme hat, dann ist sie leichter erreichbar und diese Erreichbarkeit gilt zugleich für alles andere im Gebäude.

2.7-16 Zum Vergleich auch der Blick von vorn auf das Einfahrtstor. Beim Vergleich aus dieser Blickrichtung fällt besonders die veränderte Aufhängung mit neuer Führungsschiene für das Holztor auf. Beim Umbau ist darauf zu achten, dass das Tor schlussendlich gerade soweit nach unten reicht, dass es die Einfahrt direkt über dem Gleis verschließen würde.

2.7-17 Aus der Nähe betrachtet sind die Details der Toraufhängung leichter identifizierbar. Die Laufrollen wurden aus dem gelaserten Führungsteil des ursprünglichen Bausatz-Tores herausgetrennt. Geführt werden sie nun in einem passenden U-Profil aus Plastik (Evergreen). Die Metallaufhängungen zwischen den Rollen und dem eigentlichen Holztor entstammen einem Ätzblech aus meiner Modellbau-Restekiste.

2.7-18 Der leichte Schattenwurf des aufgesetzten Dachs ist gut sichtbar. Dafür wurde die Schattentiefe unter dem Dachüberstand verstärkt, indem aus sehr geringer Distanz mit dem Airbrush nachgearbeitet wurde. Damit eine gute Sichtkontrolle während des Spritzvorgangs gewährleistet ist, ist ein Airbrush mit seitlich offener Schutzkappe (hier: Evolution AL plus) hilfreich. Auch kann so der mit möglichst geringem Druck austretende Luftstrom seitlich gut abfließen. Die Farbe für den Schattenton sollte dabei nur wenig deckend sein und der Tonwert langsam in mehreren Durchgängen aufgebaut werden. So entsteht eine vorbildgerechte Anmutung und die gewünschte farbliche Differenzierung zwischen dem Stahlfachwerk und der Dachkonstruktion bleibt erhalten.

Einblicke und Ausbauten – eine Werfthalle

2.8-01 Mit dem Bau eines größeren Gebäudekomplexes wie dieser Werfthalle werden auch die Aufgabenstellungen umfangreicher. Gleichzeitig kommen neue Aspekte hinzu. Dies gilt beispielsweise für die Planung der Vorgehensweise, wenn der oder die Bausätze, wie hier, in wesentlichen Teilen verändert, ergänzt und miteinander verbunden werden sollen. Ein Schwerpunkt bei diesem Projekt ist – zusammen mit der Farbgebung – die Inneneinrichtung. Eigentlich alles, was später in den Gebäuden stehen soll, muss fest verleimt werden. Bautechnisch können sich dabei folgende Fragen stellen: Kann ich entsprechend der Bauanleitung vorgehen, wenn die Gebäude eine vom Bausatzhersteller nicht vorgesehene Inneneinrichtung bekommen sollen? Muss ich herstellerseitig gelieferte Bauteile grundlegend verändern oder (ggf. durch scratch gefertigte) ersetzen, um Einbauten zu ermöglichen und um das meinen Vorstellungen entsprechende Ergebnis zu erreichen? Wie gestaltet sich die Farbgebung insbesondere der Innenräume, damit ein stimmiger Gesamteindruck entstehen kann? Wie viel Licht gibt es innen und von woher kommt es? Die eigene Planung der Vorgehensweise ist also wichtig!

2.8-02 Ein Messemodell zum Bausatz (*MKB*) zeigt, wie das gemäß Bauanleitung zusammengesetzte Betriebsgebäude aussehen kann. Zudem kann es hier als Vergleichsmuster dienen, um nachvollziehbar zu machen, wie die zahlreichen Veränderungen beim nachfolgenden Umsetzen des Werfthallenprojekts ausfallen. Der Bausatz enthält drei Gebäudeteile. Jedes dieser drei Gebäudeteile ist im Wortsinn eigenständig, wie schon das Projekt »Pförtnerhaus« gezeigt hat (Kap. 2.6). Zusammengesetzt zum großen Betriebsgebäude werden die Baukörper nach ihrer Fertigstellung. Für die im Folgenden entstehende Werfthalle finden nur die beiden großen Baukörper ohne den kleinen Anbau Verwendung.

2.8-03 Der bahnseitige, hintere Teil der Werfthalle dient als Lager und Materialannahme. Für den werftinternen Transport von Materialien und Schiffsteilen stehen Kraftfahrzeuge und eine werfteigene Schmalspurbahn (600 mm), ursprünglich für die Ausrüstung von Schiffen der Marine gebaut, zur Verfügung. Im Sommerhalbjahr stehen die Tore in diesem Gebäudeteil meist offen, der Zugang ist von beiden Seiten möglich.

Für die Modellumsetzung bedeutet dies, beide Tore zu öffnen und ein H0i-Gleis durch die Innenräume zu führen. Dafür erhalten die beiden Zwischenwände innerhalb des Gebäudes große Wanddurchbrüche. Dort, wo beim Bausatz das jetzt zum Pförtnerhaus umgebaute Gebäude vorgesehen war, gibt es eine nachträglich verputzte Wand.

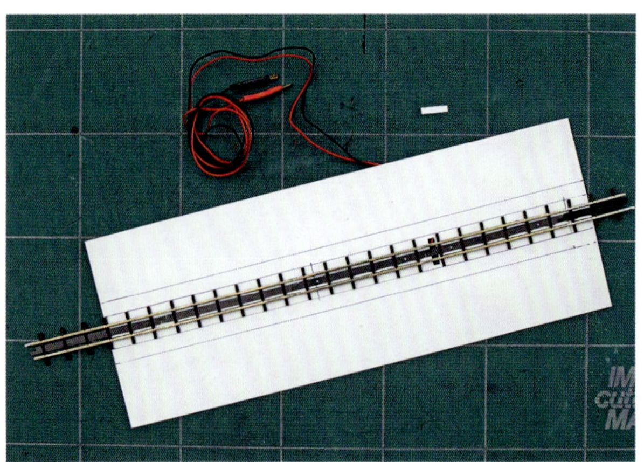

2.8-04 Das Gleis der durch das Gebäude führenden Werftbahn (*BUSCH*) liegt auf einer stabilen Plastikplatte (*Plastic Sheet*). Damit ist sichergestellt, dass das Gebäude trotz der geöffneten Türen, der Wanddurchbrüche und des aufgetrennten Originalbodens nichts von seiner Stabilität einbüßt. Die Gleisflanken lassen sich in dieser Bauphase zügig mit dem Airbrush »verrosten«. Die Farbe, die dabei auf der Bodenplatte landet, wird später nicht mehr zu sehen sein. Ein Stromanschluss innerhalb der Halle gewährleistet einen zuverlässigen Fahrbetrieb. Das durchlaufende Gleis ist Teil der Streckenführung für die Werftbahn und somit der Grund dafür, dass beim Aufbau der Werfthalle mit dem hinteren Gebäudeteil begonnen wird.

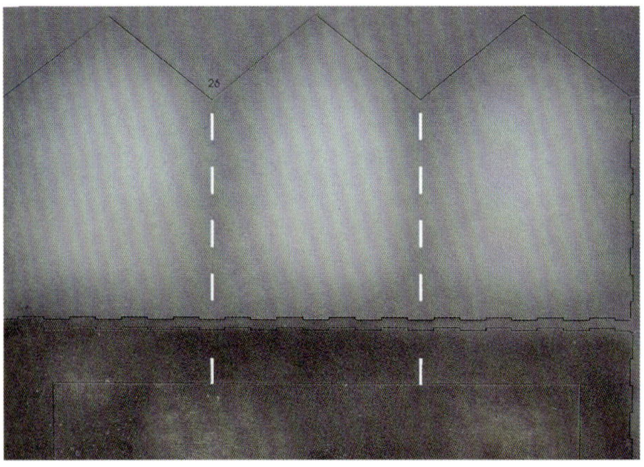

2.8-05 Der eigentliche Boden und die Innenwand der hinteren Halle sind im Bausatz in einem Kartonstück zusammengefasst. Da es meist die einfachste Art ist, Bauteile beim Einfärben festzuhalten, wenn diese bis zum Einbau nicht aus ihrer Kartonplatte herausgetrennt werden, verbleiben sie dort. Das Bodenteil des Bausatzes befindet sich unten in dieser Platte. Sein Aussehen wie ein verschmutzter, in die Jahre gekommener Hallenboden aus Beton, hat der Karton durch Farbaufträge mit dem Airbrush und Pigment-Washings erhalten.

Die Innenwand zur vorderen, größeren Halle befindet sich in dieser Kartonplatte über der Bodenplatte. Auf dieser Innenwand ist der Lichteinfall der später gegenüberliegenden Fenster durch die Aufhellung schon zu sehen. Dafür wurde die Form des Fensters in verkleinerter und etwas verlängerter Form auf ein Stück Karton gezeichnet und ausgeschnitten. Als Abstandsmaske benutzt, mit mehr Abstand als für einen torseitigen Lichteinfall gehalten und dann mit dem Airbrush flächig überspritzt, entsteht unter dem Kartonstück der gewünschte »Lichteinfall«. Damit wird die Raumausleuchtung eines großen Vorbilds ins Modell umgesetzt, so, wie es auch beim Schattenwurf und beim Lichteinfall durch geöffnete Türen/Tore geschieht.

2.8-06 Für die Betonung des Lichteinfalls durch die offenen Hallentore wird ein kurzer Verlauf gespritzt. Dieser hervorgehobene Lichteinfall ist auf der rechten Seite der Grundplatte schon gut zu sehen. Da die Tore der hinteren Werfthalle einen Öffnungswinkel von 90 Grad haben, um danebenliegenden Stau- und Regalraum nicht zu verlieren, kommt es höchstens unter den Torflügeln hindurch zu etwas Streulicht. Die Kartonmaske kann also auf dem Gleis aufliegen und dort während des Überspritzens mit dem Airbrush von einem Magneten gehalten werden. Die Schienenköpfe sind dabei mit schmal geschnittenen Maskierbandstreifen geschützt (linke Seite der Grundplatte). Bei weiter geöffneten Toren verändert sich der Ausschnitt in der Kartonmaske und auch der Abstand zum Hallenboden beim Überspritzen. Die rechte Seite der Maske begrenzt später den Lichteinfall durch ein anderes Tor in die große Halle (vgl. Foto 2.8-17).

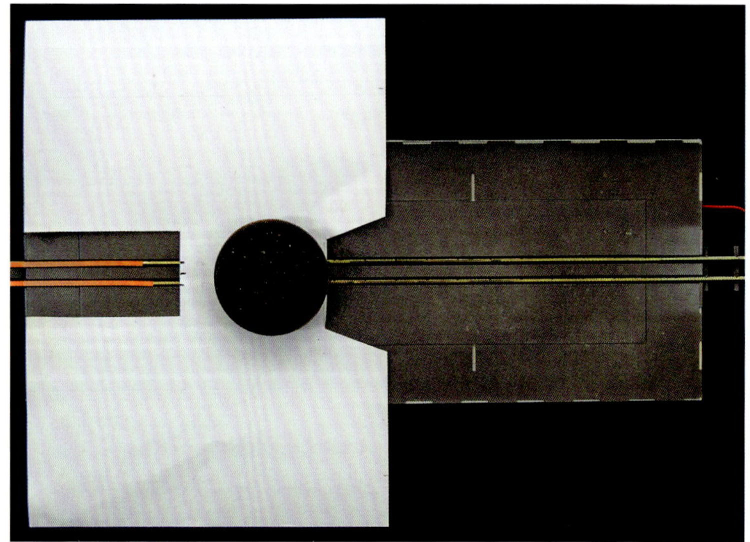

2.8-07 Diese Ziegelwand mit grauem Stahlfachwerk dient als Vorbild für die Fassadengestaltung. Unter dem Gros der rotbraunen Ziegelsteine befinden sich solche mit hellem und dunklem Brand. Dieses Erscheinungsbild soll für den Gebäudekomplex der Werft, zusammen mit dem grauen Fachwerk und den Fenstereinfassungen, nachgestellt werden.

2.8-08 Der Karton mit den Fenstereinfassungen des Modells besteht aus grün durchgefärbtem Karton. Desgleichen gilt für die Tore und das Fachwerk. Um möglichst zügig und ohne allzu starke Farbaufträge den gewünschten Grauton zu erhalten, lassen sich die Kartonplatten mit der Komplementärfarbe des Kartongrüns überspritzen. Dies geschieht mit lasierenden Farbaufträgen, die durch gleichmäßig flaches Spritzen mit einer transparenten Farbe entstehen.

2.8-09 Für alle, die mit dem Thema Komplementärfarben nicht näher vertraut sind, gibt es einfache Hilfsmittel. Der »Farbkreisel zur Bestimmung von Primärfarben, Farbtemperatur und Komplementärfarben« (*Pelikan*) gehört dazu. Hochwertig hergestellte Print Media sind hier zum besseren Farbabgleich digitalem Anschauungsmaterial vorzuziehen.

Transparente Airbrush-/Acrylfarben gibt es von diversen Anbietern. Bauteile liegen kaum in »reinen« Farben vor, und schon deshalb gilt: Selbst wenn sich die exakte Komplementärfarbe zu einem bestimmten Untergrund nicht im Sortiment finden lässt, gelingt es mit ähnlichen Farbtönen, einen Grauton zu erzeugen, der dann zwar nicht neutral ist, mit dem sich aber gut weitermachen lässt.

2.8-10 Der zu erzielende Grauton wird in jedem Fall graduell dunkler als die Ausgangsfarbe ausfallen. Wichtig ist einfach, mit einem dünnen Farbauftrag einen relativ neutralen Grauton zu erreichen, denn darauf lässt sich dann mit fein gespritzten Farbschichten das gewünschte Aussehen herstellen. Eine solche Vorgehensweise ist um so bedeutsamer, je feiner Bauteile strukturiert und graviert sind, denn jeder dickere Farbauftrag würde dies zunichte machen.

2.8-11 Mit einem helleren, gut deckenden Grauton geht es weiter. Während die Innenseite der Fensterwand das entstandene Dunkelgrau behalten kann, bekommt die Außenseite eine Aufhellung. Auch die im selben Rahmen angelegten Außenwandteile mit den Fensterelementen für die Tore sind in diese Aufhellung mit einbezogen.

2.8-12 Aus den Wandelementen mit den Fenstereinfassungen für die Tore entstehen die Torflügel. Nach dem Heraustrennen dieser Wandteile aus ihrem Kartonteil werden sie umgedreht und im Torbereich ebenfalls aufgehellt. Vor die außerhalb des Torbereichs liegenden Wandflächen werden später Klinkerwände gesetzt, sodass sie jetzt zu vernachlässigen sind. Im helleren Torbereich ist die Vorzeichnung für das Ausschneiden der Torflügel gut zu sehen.

Die als Schutz für die Torflügel davorzusetzenden Holzplanken erlangen ihr leicht verwittertes Aussehen, indem sie gleichfalls eine Aufhellung erfahren. Für dieses einzelne Aufhellen kommt eine Kunststoffschablone zum Einsatz, deren Ausschnitt die Breite der Holzplanken hat und somit dazu beiträgt, auch die Plastizität der Plankendarstellung zu verstärken (dieses Thema wird in diesem Kapitel ab Seite 93 weiter verfolgt).

2.8-13 Das Licht, das durch die hohen Fenster in den Innenraum fallen kann, wirft hinter den geöffneten Toren deutliche Schatten. Um zu einer realistischen Schattentiefe zu kommen, ist dieser Schattenwurf farblich verstärkt worden, bevor die Torflügel »eingehängt« wurden (s. die obere Wand). Auf den einander gegenüberliegenden Wandteilen fällt der Schatten natürlich in die jeweils andere Richtung. Sind die Torblätter schließlich eingesetzt, ist die Wirkung aus der »Preiserlein«-Perspektive überzeugend, hier aber nicht wirklich notwendig und nur wenigen Betrachtern vorbehalten.

2.8-14 Wirklich wichtig ist dahingegen eine überzeugende Gestaltung der Ziegelmauer. Wie unterschiedlich sind die verbauten Ziegel beim (imaginären) Vorbild? Mit Hilfe gesprenkelter Farbaufträge kann ihr Aussehen wie hier, zusätzlich zum Aufhellen und Abdunkeln einzelner Steine, noch vielfältiger werden. Soll die Eigenfarbe des lasergravierten Architekturkartons als Grundfarbe bleiben? Wenn die Grundfarbe durch flächiges Überspritzen mit dem Airbrush verändert wird, ist stets daran zu denken, dass auch das spätere Verfugen mittels eines Pigment-Washings eine Farbtonänderung mit sich bringt. Welchen Farbton sollen die Fugen bekommen? Durch das abschließende Fixieren des Pigment-Washings für die Fugen verlieren die Pigmente meist an Deckkraft und Farbstärke. Das Washing ist gegebenenfalls also stärker auszuführen als das erwartete Endergebnis.

2.8-15 Beim Stahlfachwerk kommt eine bauliche Besonderheit dazu. Dort, wo ursprünglich ein kleiner, ebenerdiger Anbau stand, um den das einstmals grüne Fachwerk herum läuft, gilt es, die Mauer zu ergänzen. Dabei ist die Gravur, die Wand und Fachwerk trennt, wichtig. Das Abbild einer verputzten, in die Jahre gekommenen Mauer war beim Pförtnerhaus schon durchgespielt worden. Hier kann ähnlich vorgegangen werden.

2.8-16 Die große Werfthalle bekommt eine Inneneinrichtung, benötigt also eine durchgehende Bodenplatte. Um die passgenauen Verbindungsschlitze des Bodenrahmens aus dem Bausatz dafür zu übernehmen, werden drei zusätzliche innere Bodenteile, bestehend aus gleichem Karton, eingeklebt. Wie schon beim bahnseitigen Hallenteil, kann dafür auch hier eine stabile Plastikplatte (*Plastic Sheet*) als Basis nützlich sein. Die feinen Spalten lassen sich nach dem Verkleben der Bodenbauteile mit einer Strukturfarbe oder ähnlichem verspachteln. Dabei hilft ein Pinsel mit Gummispitze, auch Shaper genannt. Mit ihm lassen sich Farben wie hier auftragen und Oberflächen gestalten.

2.8-17 Es enstand das Abbild einer Betonbodenplatte, auf der sich der Arbeitsstaub der Jahre festgesetzt hat. Mit dem Airbrush gesprenkelte Farbaufträge und Pigment-Washings, abwechselnd übereinandergelegt, ergänzen sich in bekannter Art und Weise. Obwohl auf diese Weise optisch in die Jahre gekommen, ist das Aussehen des Bodens immer noch ein sehr gleichmäßiges. Die speziellen Spuren von einzelnen Arbeitsplätzen kommen hinzu, sobald eine Stellprobe mit den Einrichtungsgegenständen deren endgültige Platzierung vorgibt.

Abweichend vom Bausatz, der alle Tore geschlossen vorsieht, soll das Hallentor an der Längsseite geöffnet dargestellt werden. Für ein realistisches Erscheinungsbild beim fertigen Modell wurde also der Lichteinfall verstärkt, wie bei den Durchfahrtstoren der hinteren Werfthalle. Die dafür vorbereitete Schablone war bereits auf dem Foto 2.8-06 zu sehen.

2.8-18 Die Innenausstattung der großen Halle geht weit über das einfache Hineinstellen einer Einrichtung hinaus. Ausgehend von der Bauanleitung für die Halle ist also für jedes ihrer Bauteile zu hinterfragen, inwieweit es den eigenen Plänen für eine Werfthalle entsprechend zu verändern und zu gestalten ist, bevor es verbaut werden kann. Kann die in der Bauanleitung vorgegebene Reihenfolge der Bauschritte dabei eingehalten werden (wie ist sie gegebenenfalls praktikabel zu verändern)? Welche Einrichtungsgegenstände sind an den Wänden oder anderweitig zu befestigen, bevor der Baukörper geschlossen wird? Wo ist der Farbgebung besondere Aufmerksamkeit zu schenken? Die Zwischenwände des Bausatzes sind – schon aufgrund ihrer späteren Sichtbarkeit – als erstes deutlich verstärkt worden und tragen eine eigens für die Werfthalle angefertigte Krananlage. Neben dem Schmiedeofen an der Seitenwand sollen zwei Dampfhammer stehen, das dazugehörige Rohrsystem ist an der Wand aufzuhängen. Auf dem Betonboden finden zahlreiche Dinge wie Arbeitsvorrichtungen, Werkbänke, Böcke, Schiffsteile und Metallstücke ihren Platz. Alles, was an Kleinteilen zum Modell der Krananlage gehört, wird sinnvollerweise also erst angebaut und verklebt, wenn alle Arbeiten darunter abgeschlossen sind, damit beim Einrichten nichts im Wege ist.

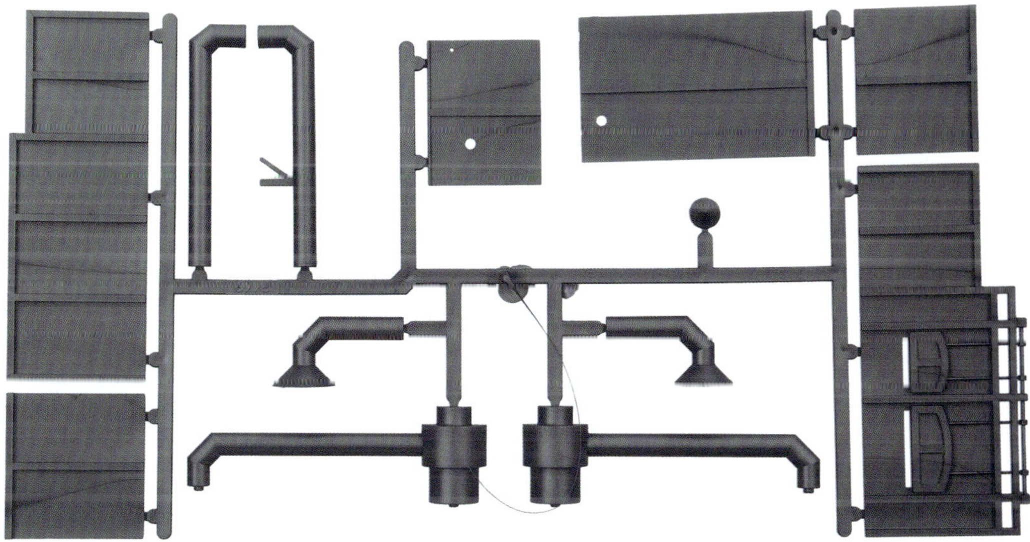

2.8-19 Der Schmiedeofen kam als erstes freistehendes Objekt in die Werfthalle. Lediglich das Abzugsrohr führt durch die Wand zum Kesselhaus und zum großen Schornstein (s. das folgende Kapitel). Die Bauteile für den Ofenkörper, zusammengefasst in einem grau durchgefärbten Spritzling, stammen aus dem Plastikbausatz »Dampfhammer und Zubehör« von Auhagen. Da der eigentliche Ofen, also ohne die Abzugsrohre etc., als Ganzes eine einheitliche Grundfarbe erhält, kann er vor dem Auftragen der Farben zusammengeklebt werden.

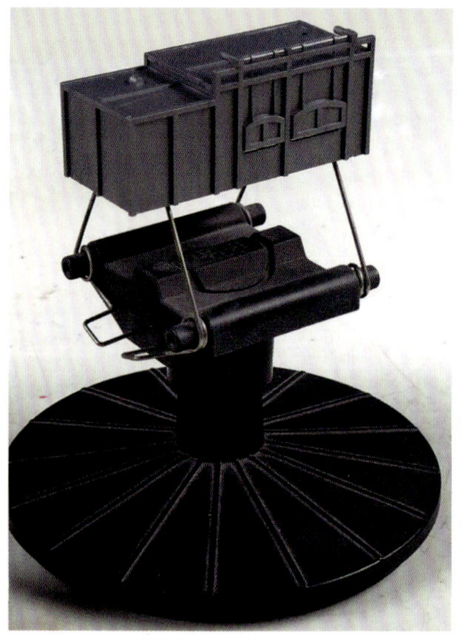

2.8-20 Ein kleiner Drehteller (*TAMIYA*) hält das Modell für die nächsten Arbeitsschritte von innen fest. Der Drehteller macht den Ofen von allen Seiten leicht zugänglich, lässt sich dabei gut in der Hand halten und mit den Fingern in der gewünschten Position fixieren (oder drehen, s. dazu auch Abb. 2.9-04 im nächsten Kapitel). Ein recht stumpfer Eisenton, der mit dem Airbrush über alles gespritzt wird, bildet den Einstieg. Es folgen frei gespritzte Schattierungen und diverse Washings mit Ölfarben und Pigmenten, wobei natürlich darauf zu achten ist, dass die darunterliegenden Farbschichten stets gut durchgetrocknet sein sollten.

2.8-21 Je feiner die Details eines Farbauftrags ausfallen sollen, desto wichtiger ist ein einwandfrei funktionierender Airbrush. Deutliche Unterbrechungen oder ein Zuviel an Farbe bilden meist den Anfang einer Testlinie, wobei es egal ist, ob es sich um Öl- oder Acrylfarben handelt. Diese Spritzprobe aus der Bewegung heraus (hier in Originalgröße wiedergegeben) zeigt schließlich eine brauchbar homogene Linie und damit, dass sich der Airbrush und die Farbe in einwandfreiem Zustand befinden. Die feinen, seitlich weggetriebenen Tropfen am Ende der Testlinie entstanden durch eine im Moment zu weit zurückgezogene Nadel und nicht durch einen Mangel am Airbrush. Das Finden der richtigen Hebelstellung verlangt, nicht nur aufgrund unterschiedlicher Farbeigenschaften, stets Fingerspitzengefühl. Die Farbverläufe auf den Ablagen, die vor den Ofentüren anzubringen sind, und die Schatten auf dem Ofen selbst sind gute Beispiele für die Notwendigkeit eines feinen Spritzbilds.

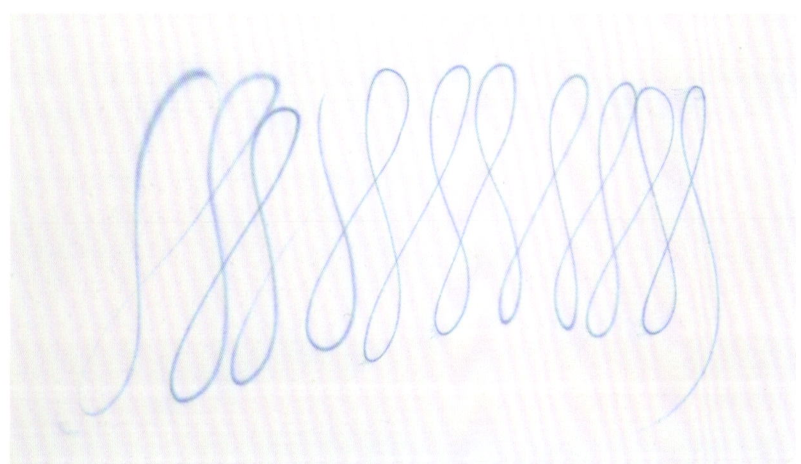

2.8-22 Auf der Oberseite des Ofens ist der Schatten des Abzugsrohrs schon zu sehen. Zudem sind die Schattenpartien, die später unterhalb der Ablagen vor den Ofentüren entstehen, bereits dunkler angelegt. Auch die Rohre werden vor dem Überarbeiten mit dem Airbrush zusammengebaut, bekommen ihr metallisches Aussehen als Ganzes und entlang ihrer Unterseiten dann eine Verstärkung ihrer Schattenpartien. Lediglich bei den übrigen Zurüstteilen, die sich farblich deutlich vom eigentlichen Ofen abheben sollen, empfiehlt es sich wieder, diese in den Spritzrahmen zu belassen, bis sie ihr endgültiges Aussehen erhalten haben.

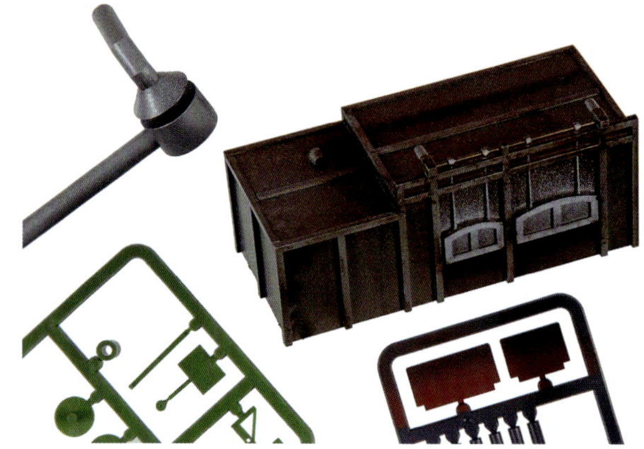

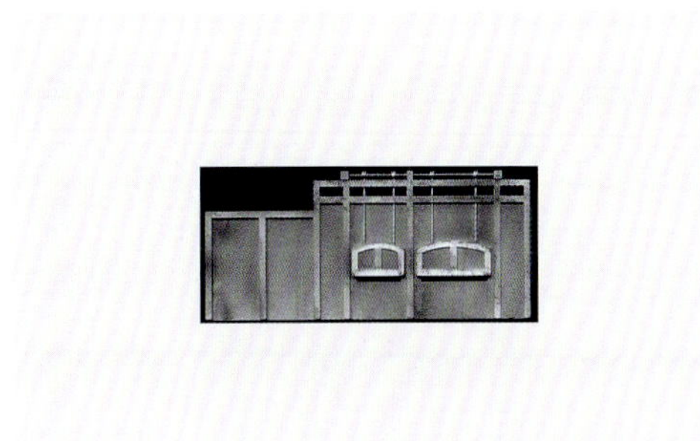

2.8-23 Zum Maskieren rund um die Ofentüren reichen zurechtgeschnittene Fotokopien. Das Modell wird dafür einfach auf den Kopierer/Scanner gelegt, sodass sich leicht eine maßstäbliche Schablone mit ausreichend großem Rand zum Abdecken und Halten anfertigen lässt (das Ofenmodell wurde gescannt, als bereits erste Schattenpartien als Untermalung angelegt waren). Die auf dem Modell zu überspritzenden Partien werden aus der Schablone mit dem Grafikermesser ausgeschnitten und ermöglichen, indem sie beispielsweise mit etwas Abstand über dem Ofenmodell gehalten oder verschoben werden, unregelmäßige Farbaufträge, die zum realistischen Aussehen des fertigen Modells beitragen.

2.8-24 Oft wirken auch kleine Ausstattungsdetails erst vorbildgerecht, wenn Lichteinfall und Schattenwurf farblich betont werden. Das Modell des Schwerlast-Drehtischs hat die Größe einer 50-Cent-Münze. Der Schatten unter der abgelegten Welle entstand mit dem Airbrush, schon bevor die Welle auf das Modell des Drehtellers gelegt wurde. Die Kohle für das Schmiedefeuer verdankt ihre überzeugende Plastizität einem von der Seite gespritzten Schwarz. Zuvor ist das einheitlich anthrazitfarben gestaltete Plastik im Bereich der Kohle schon insgesamt etwas abgedunkelt worden. All diese Spritzvorgänge erfolgten frei, also ohne Masken. Ein helles Washing gibt den seitlichen Ascherand wieder. Der eingebaute Schmiedeherd ist dann auf dem Foto 2.8-36 zu sehen.

2.8-25 Einen großen und einen kleinen Dampfhammer gilt es als Nächstes fertigzustellen. Der Zusammenbau lässt sich dabei ohne besondere Anforderungen an den geübten Modellbauer ausführen. Der große Dampfhammer kann nach dem Zusammenkleben der beiden Hauptbauteile zum weiteren Bearbeiten auf einem doppelseitigen Klebebandstück oder Ähnlichem aufgestellt werden (die bereits fertiggestellten feinen Farbverläufe sind hier gut zu sehen). Der kleine Dampfhammer verbleibt bis zu seiner kompletten Fertigstellung (Farbgebung und Montage aller Anbauteile!) am Spritzling. Für alle, die den Spritzling einspannen möchten, empfiehlt sich ein Universal-Objekthalter mit Metallstandfuß (*PK-PRO*). Das Gießrahmenteil kann damit in die jeweils geeignetste Position gebracht werden, muss also auch für die noch ausstehenden feinen Washings nicht mit der Hand gehalten werden. Die vorzubereitenden Anbauteile werden mit dem Airbrush noch in ihrem Spritzrahmen bemalt.

Auf dem abgebildeten Universal-Objekthalter ist die Farbe der vorangegangenen Spritzarbeiten gut zu sehen (er ist nicht verrostet!). Die hier verwendeten Acryl- und Ölfarben für den Modellbau lassen sich leicht anlösen, sodass das Reinigen »zwischendurch« mit den bekannten Reinigungsmitteln kein Problem darstellt. Wer sich das Reinigen noch einfacher machen will, ölt seine Haltewerkzeuge nach dem Reinigen ein wenig ein.

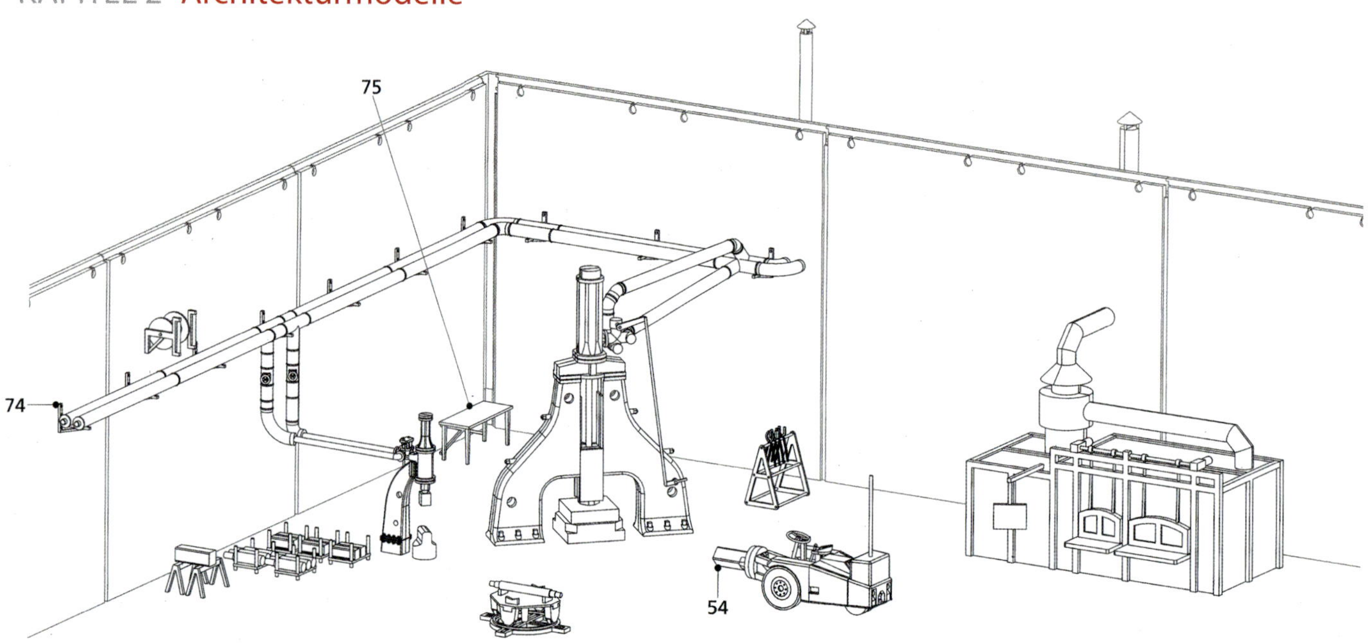

2.8-26 Ein Ausschnitt aus der Bauanleitung für den Plastikbausatz »Dampfhammer und Zubehör« (*Auhagen*) zeigt die mögliche Aufstellung der Werkzeugmaschinen. Wie alles in der Werfthalle konkret zusammenpassen und miteinander über das Rohrleitungssystem verbunden werden kann, ergibt sich aus einer Stellprobe. Ein besonderes Augenmerk gilt dabei den Wandhaltern für die Rohre, denn sie lassen sich in diesem Baustadium noch recht gut an den Wänden anbringen.

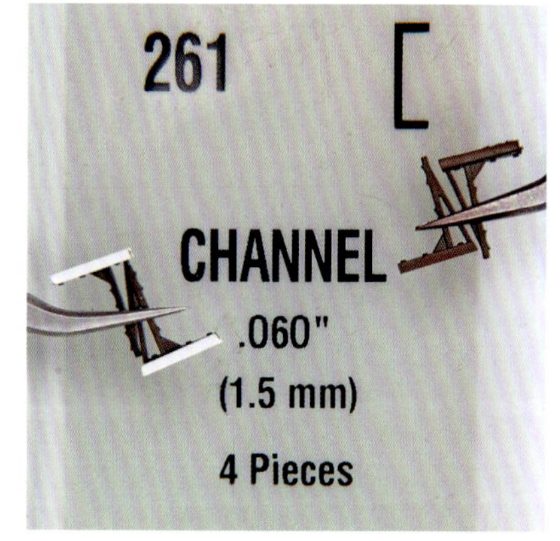

2.8-27 Zum Vergrößern ihrer Auflagefläche bekommen die Wandhalter U-förmige Verstärkungen. Damit ist auch beim Materialmix Plastik und Karton sichergestellt, dass die Wandhalter für die Rohre gut an der Gebäudewand zu fixieren sind. Die Maßangabe und die kleinen Fussel auf der Plastiktüte (*Evergreen*) vermitteln ein Gefühl für die tatsächliche Größe der Halterungen. Ein wichtiges Kriterium für gut spritzbare Farben ist eine hohe Deckkraft, denn nur damit sind maßstabsgerechte Farbaufträge auf kleinsten Modellteilen möglich. Beim Festhalten solch kleiner Teile, hier also während des Überspritzens mit dem Airbrush, helfen selbsthaltende Pinzetten, die sich anschließend wieder leicht säubern lassen.

2.8-28 Auch Krokodilklemmen können kleine Bauteile sicher halten. Der Lackierständer/große Drehteller von *TAMIYA* verfügt über seitliche Aufnahmeschlitze für die dazugehörenden Krokodilklemmen, sodass sich auf dem Teller eine Reihe von »frisch gestrichenen« Kleinteilen zum Durchtrocknen platzieren lassen. Die Klemmen können die Teile selbst, ihre Spritzrahmen oder Materialien, an denen die Teile haften, greifen. Auf der zurückliegenden Seite des großen Drehtellers klebt ein blauer Metallschrank mit seiner Rückwand auf Maskierband, welches an einem hölzernen Zahnstocher hängt. Der Zahnstocher steht in einer passenden Vertiefung. Solche Vertiefungen bietet dieser Lackierständer mit unterschiedlichen Durchmessern, sodass unterschiedlichste Dinge Halt finden können.

2.8-29 Gerade bei *scratch*-gefertigten oder bearbeiteten Kleinteilen können individuelle Haltevorrichtungen gefragt sein. Diese Teile sind meist nicht in einem Spritzrahmen. Damit der Airbrush die Bauteile beim Farbauftrag nicht wegbläst, müssen sie irgendwie fixiert werden. Dabei muss gleichzeitig darauf geachtet werden, dass Stellen, die Farbe erhalten sollen, durch die jeweilige Haltevorrichtung nicht abgedeckt sind. Dies kann beispielsweise beim Festhalten mit selbsthaltenden Pinzetten der Fall sein. Eine einfache Alternative, Teile zu halten, bieten hölzerne Zahnstocher mit Knete oder Klebepads an einem Ende. Der Arbeitsdruck des Airbrushs darf dafür aber nicht allzu hoch sein, denn die Klebkraft von Knete oder Klebepads ist natürlich begrenzt.

2.8-30 Auch am Beispiel von einfachen Regalen zeigt sich, wie hoch die Messlatte für eine vorbildgerechte Innenausstattung im Modell liegt. Einen guten Eindruck vermittelte schon die Einrichtung des kleinen Lokschuppens in Kapitel 2.7, auch mit der dort hineingestellten Werkbank. Spezialisierte Anbieter wie *Artitec* bieten Produkte an, die für den ambitionierten Modellbahner als »*State of the Art*« im H0-Maßstab dienen können. Auf dunklem Filz neben ein Lineal gelegt, wird der Grad der farblichen Detaillierung deutlich. Wer selbst gestalten möchte, findet hier Vorbilder, die zeigen, wie eine solide Farbgebung aussieht und was es gegebenenfalls zu übertreffen gilt.

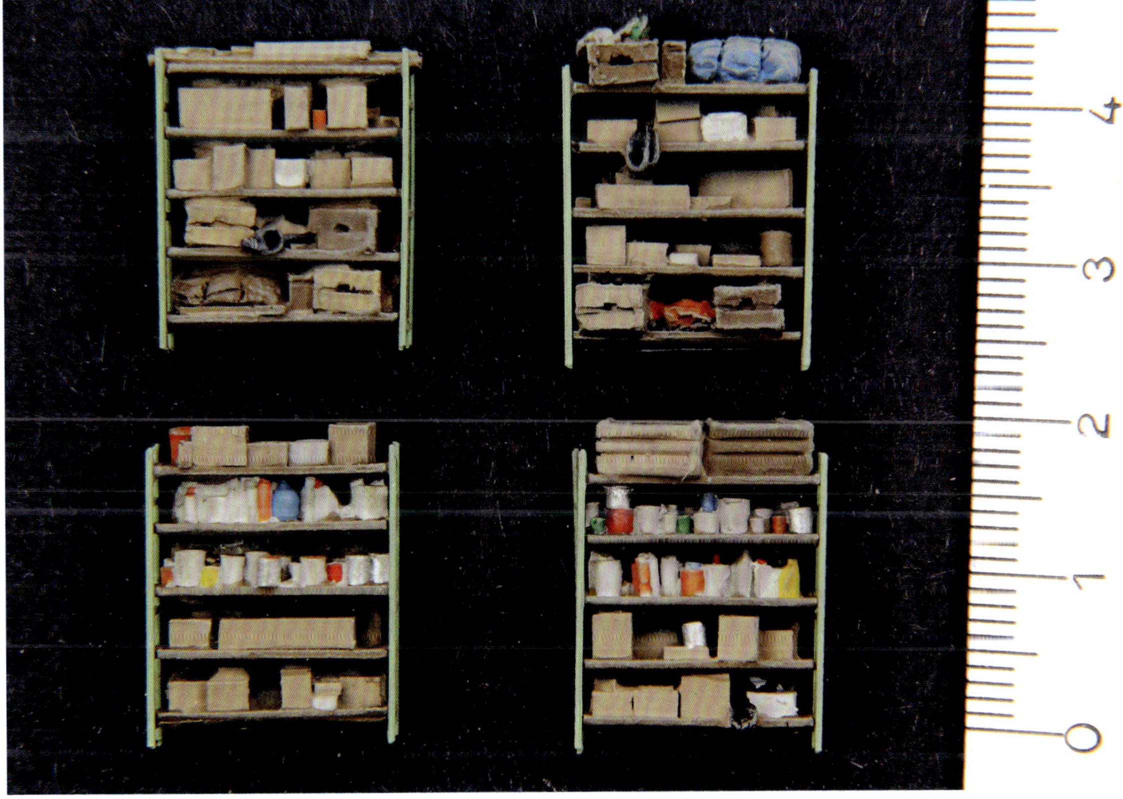

2.8-31 Für einen Vergleich liegen farblich gestaltete Maschinen zur Metallverarbeitung neben dem Bausatzfoto (*FALLER*). Diese Gegenüberstellung belegt, wie sich aus farblich einfachen, ordentlich detaillierten Modellen Überzeugendes schaffen lässt. Über einer neuen, dünn gespritzten und historisch vorbildgetreuen Grundfarbe und einer evtl. darunterliegenden Grundierung heben farblich verstärkte Schatten, Washings und feinste Pinselarbeiten die Detaillierung hervor. Gerade auch im Hinblick auf selbstgedruckte resp. mit einem 3D-Drucker hergestellte Einrichtungsgegenstände und Zurüstteile wird eine solche Vorgehensweise interessant sein. Die Feuerlöscher stammen nicht aus dem Bausatz »Schlossereieinrichtung«, sind aber ein weiteres ansehnliches Beispiel dafür, welche farblichen Akzente sich mit sehr feinen, hochwertigen Pinseln setzen lassen. In der großen Werkhalle finden erst einmal die elektrische Bügelsäge, die Werkzeuge und zwei Feuerlöscher ihren Platz (auf dem Foto 2.8-18 befinden sich die Feuerlöscher mit ihrer Aufhängung schon an der Wand).

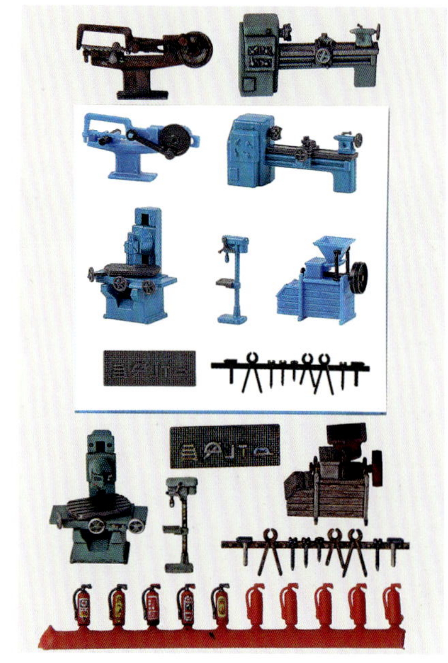

2.8-32 Sobald feststeht, wie die einzelnen Arbeitsbereiche angeordnet sind, können die Arbeitsspuren auf dem Betonboden der Halle dargestellt werden. Zentraler Ausgangspunkt für die Entwicklung der maschinellen Ausstattung ist der – derweil noch fehlende – alte Schmiedeherd an der Rückwand des mittleren Hallenteils. Der Einbau des Schmiedeherds (s. Foto 2.8-24) in das Modell erfolgt erst nach dem Einsetzen der Rückwand, damit der Herd wirklich bündig an der Wand steht. Die Verschmutzung durch das Schmiedefeuer lässt sich mit dem Airbrush frei spritzen, so wie die übrigen Arbeitsspuren und Schattenpartien auf dem Hallenboden. Dies kann auch in Kombination mit Pigment-Washings erfolgen, die abschließend mit mattem Klarlack und wenig (!) Spritzdruck fixiert werden. All das geschieht nach der Stellprobe und dem Wiederherausnehmen der Einrichtungsgegenstände.

2.8-33 Bis auf den Schmiedeherd, den davor stehenden Löschtrog und die hintere Wandhalterung für das Rohrsystem ist die Inneneinrichtung jetzt nahezu komplett. Hinzu kommt unter anderem noch ein kleiner Amboss, der zum alten Schmiedeherd gehört. Prägnant ist die Hallenbodenverfärbung durch verrostete Metallablagerungen im Umfeld der elektrischen Bügelsäge und des scratchgebauten Rollenbocks. Die auf dem rostfarbenen Betonboden liegenden, noch nicht oxidierten und im Modell äußerst feinen Metallspäne bestehen tatsächlich aus Edelstahl. Die Modelle der Stahlschränke und der mit großen, offenen Ablagefächern ausgestatteten Werkbänke sind dahingegen Kunststoffdrucke aus dem 3D-Drucker.

2.8-34 Die Trennwand zum hinteren Hallenteil zeigt anschaulich, wie die Vorbereitung eines Wandstücks vor dem Zusammenfügen der Hallenwände aussehen kann. Bestandteile dieser Wand sind das Durchgangstor zur hinteren Halle, der Abzug für das Schmiedefeuer resp. den Schmiedeherd (u. a. ein Restteil aus einem *FALLER*-Bausatz), das Radialgebläse (Ventilator) für den Schmiedeherd, ein weiteres Aggregat (beide »*scratch*« gebaut) sowie das vorgesetzte Wandstück mit den Schmiedezangen und -werkzeugen in verschiedenen Größen. Bei den Werkzeugen erweist sich wieder, wie wichtig Trockenpassungen, also ein erstes Zusammenfügen von Bauteilen ohne Klebstoff, sind: Beim Einsetzen der Trennwand würde ein Teil der unten hängenden Werkzeuge hinter der Werkbank verschwinden, wenn sie nicht vorab nach links versetzt werden.

Die Schatten auf und hinter den einzelnen Bauteilen erfuhren mit dem Airbrush eine vorsichtige Betonung. Damit erhöhte sich auch die Plastizität der Gegenstände. Dies geschah vor dem Aufsetzen der Teile auf die Wand. Gut zu sehen ist diese Vorgehensweise bei den Schatten für das Rohrsystem, welches mit seiner rechtsseitigen Wandhalterung noch fehlt. Die Höhe des Schattens zeigt eine Markierung rechts auf dem später zu entfernenden Rahmen an. Wer eine sichere Führung des Airbrushs beim Spritzen dieser Schatten möchte, kann wie beim Rolltor auf dem Foto 2.5-12 (Seite 62) vorgehen und ein Lineal zu Hilfe nehmen. Lediglich der Schornstein und die Ziegelwand, als Erstes auf die Wand gebracht, erhielten ihre Schattierungen nach dem Anbringen.

2.8-35 Im Wechselspiel zwischen gespritzten Farbaufträgen und Pigment-Washings erfolgte auch die grundlegende Farbgebung für die Wand. Zu kräftig strukturierte Pigment-Washings können dabei durch vorsichtiges Überspritzen mit deckenden Grautönen, die der Grundfarbe entsprechen, wieder etwas egalisiert werden. Als Grundlage für die vorgesetzte Ziegelwand, deren Ziegel an der fertigen Wand nur an wenigen Stellen zu sehen sein sollen, dient ein Reststück Ziegelmauer aus einem anderen Bausatz. Das »Verputzen« dieser Vorsatzmauer mit eingefärbter Strukturfarbe oder ähnlich zu verarbeitendem Material gleicht der Vorbereitung des Hallenbodens (s. Bild 2.8-17). Die Tür für den Durchbruch liegt fertig gebaut und eingefärbt bereit.

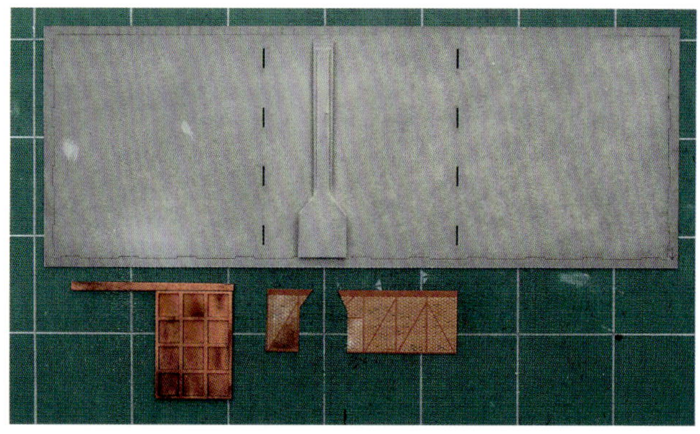

2.8-36 Nach dem Einsetzen und Festkleben der Wand kann der Schmiedeherd eingebaut werden. Der Blick von oben hilft dabei, den Herd exakt mittig unter dem dazugehörigen Abzug zu befestigen. Anschließend bekommt der Löschtrog seinen Platz direkt an der Vorderkante vom Schmiedeherd. Der Abstand, den der Schmied zwischen dem Löschtrog und dem jetzt fest aufzustellenden Amboss braucht, um gut arbeiten zu können, lässt sich nun – vielleicht mit Hilfe eines »Preiserleins« – gut einschätzen. Auch die Wandhalterung, die die beiden Rohre vor der eingesetzten Wand, zwischen dem großen Dampfhammer und der Stirnwand, trägt, gilt es nun einzupassen und festzukleben. Den Abschluss bildet eine letzte Kontrolle des Fußbodens unter dem Gesichtspunkt, ob die dargestellten Verschmutzungen gut mit den Dingen korrespondieren, die darauf herumstehen. Letzte kleine Korrekturen sind jetzt noch möglich.

2.8-37 Das geöffnete Tor an der Längsseite der Halle erlaubt nach dem Einsetzen der Wand den Blick darauf. Gerade bei wechselnden Lichtstimmungen stellt sich heraus, ob das Unterfangen gelungen ist, Plastizität und Räumlichkeit durch die jeweilige Farbgebung maßstabsgerecht zu betonen. Im Rahmen der Bauabschnitte wurden die Vorgehensweisen im Einzelnen beschrieben und nun kann geschaut werden, ob sich ein stimmiges Gesamtbild ergibt.

2.8-38 Bevor das Tor an der Schmalseite der Halle geschlossen wird, soll ein Überblick aus diesem Blickwinkel die bisherigen Eindrücke ergänzen. Eigentlich alle in der Halle befindlichen Gegenstände sind aus Metall. Zu den wenigen Ausnahmen gehören die gemauerten Seitenwände vom Schmiedeherd und die Holzlatten unter den Metallstangen links außerhalb des Bilds. Die Farbgebung für die einzelnen Modelle so auszuwählen, dass dieser Materialaspekt deutlich wird, gehört zu den interessanten Herausforderungen dieses Bauprojekts. Der Drehtisch vorn auf der rechten Seite fand bereits Erwähnung. Aus dieser Perspektive ist nicht nur der gespritzte Schattenwurf unter der aufgelegten Metallwelle gut zu sehen und nicht vom tatsächlichen Schattenwurf zu unterscheiden, auch die farblich herausgearbeiteten Räder und das in ähnlicher Weise detaillierte Untergestell wirken vorbildgerecht.

2.8-39 Aus der »Preiserlein«-Perspektive ist auch der nun eingebaute Schmiedeherd gut zu sehen. Die Oberseite für den Schmiedeherd ist ein Restteil aus dem *FALLER*-Bausatz »Schlossereieinrichtung« (vgl. Bild 2.8-24), die gemauerten Wandungen sind scratch aus anderen Restteilen gebaut, ebenso der Löschtrog, der jetzt davor steht. Mit den zum Herd führenden Rohren und dem metallisch glänzenden Amboss für diesen Arbeitsplatz soll das Thema Metall nochmals aufgegriffen werden, und zwar in seiner mehr oder minder stark glänzenden, unlackierten Form. Unterschiedliche Metalle als solche darzustellen, gehört zu den größeren Herausforderungen im Modellbau.

Von Seiten der Farbhersteller gibt es ganz verschiedene Ansätze und Produkte, mit denen sich die Anmutung von Metallen wiedergeben lassen soll. Die Bandbreite reicht vom einfachen Silberton bis hin zum sogenannten »Metalizer«. Ein ganz wichtiges Kriterium kann, ausgehend von den Silbertönen, die Pigmentgröße sein, die, wenn sie aus Sicht des »Preiserleins« Faustgröße erreicht, keine wünschenswerten Ergebnisse zulässt (vgl. dazu auch das Foto 3.5-13 auf Seite 163). Blanke Metalle unterscheiden sich, abhängig vom Material, in Farbnuancen und in ihrem Glanzgrad. Einen Weg, um zu zufriedenstellenden Darstellungen zu kommen, bietet das eigene Anmischen des gewünschten Metalltons auf der Basis einer sehr fein pigmentierten Perlmuttfarbe. Solchen Perlmuttfarben lassen sich hochtransparente Grafit , Blau , Gelb und Rottöne in geringen Mengen beimischen, um den scalegerechten Eindruck von »Naturmetallen« zu erhalten. »Hochtransparent« bedeutet sowohl eine sehr feine Pigmentierung als auch einen hohen Bindemittelanteil. Alle hier gezeigten, meist mit dem Airbrush aufgetragenen Metalltöne sind auf diese Art und Weise entstanden. Da jedoch die Vorlieben bei der Farbwahl – gerade für die Metalldarstellung – erfahrungsgemäß sehr weit auseinandergehen, seien Vorversuche mit ganz unterschiedlichen Produkten verschiedener Hersteller empfohlen.

2.8-40 Den Blick auf den Schmiedeherd und die Dampfhämmer gibt dieses geöffnete Tor frei. Dafür wurde das Tor nach rechts neben die vorbereitete Toröffnung versetzt und mit einer Laufvorrichtung ergänzt. Links neben der Türöffnung zeigt sich im Bereich des Fensterbands ein Stück breiteres Fachwerk. Dieses ist der verstärkten Innenwand geschuldet, die im rechten Winkel auf das Fensterband stößt und durch ihre Verstärkung dort sichtbar wird. Da das Bauteil mit den Fensterrahmen hinter dem Fachwerk steht, das sichtbare Fachwerk beim Modell also ein eigenes Bauteil ist, das über die Fensterrahmen reicht, ist es hier zu »Pfusch am Bau« gekommen. Das Fachwerk schließt auf der linken Seite des verbreiterten Stücks nicht bündig mit den Fensterrahmen ab. Die Bauleitung hat jedoch beschlossen, dass dieser Fehler nicht von wirklicher Bedeutung und somit hinnehmbar ist. Um den Schornstein rechts im Bild geht es dann im nächsten Kapitel.

2.8-41 Der Vergleich mit dem Messemodell, diesmal von der Seite gesehen, zeigt auf einen Blick, dass am eigenen Gebäude einiges verändert wurde. Die über den einfachen Zusammenbau des Gebäudes hinausgehende Gestaltung der Gebäudeaußenwände ist hinlänglich erläutert, lediglich zur Darstellung der Holzelemente im Dachbereich sollen im Folgenden noch einige arbeitstechnische Hinweise angefügt werden. Die durch einfache Lasergravuren dargestellten Bretter erhalten dabei ein differenzierteres Aussehen.

2.8-42 Das Betonen einzelner Bretter im Dachbereich gelingt mithilfe des Airbrushs. Feste Maskiermaterialien wie Karton und Kunststoff erlauben ein zügiges Vorgehen, nachdem vorab ein entsprechender Streifen in Brettbreite daraus ausgeschnitten wurde. Wer häufiger derartige Masken benötigt, fertigt sich eine entsprechende Schablone aus festem, klarem Kunststoff. Eine solche Maske lässt sich sehr leicht positionieren und nach dem Überspritzen einfach säubern. Für die Darstellung des nächsten Bretts braucht sie einfach nur verschoben zu werden. Vorbereitet für mehrere Spaltbreiten, ist sie ein recht universelles Werkzeug.

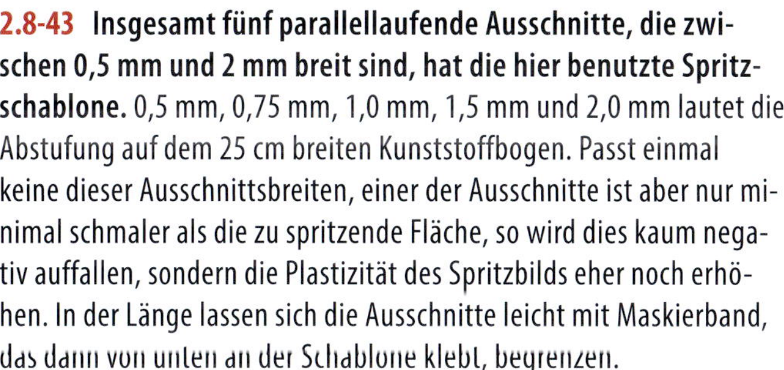

2.8-43 Insgesamt fünf parallelaufende Ausschnitte, die zwischen 0,5 mm und 2 mm breit sind, hat die hier benutzte Spritzschablone. 0,5 mm, 0,75 mm, 1,0 mm, 1,5 mm und 2,0 mm lautet die Abstufung auf dem 25 cm breiten Kunststoffbogen. Passt einmal keine dieser Ausschnittsbreiten, einer der Ausschnitte ist aber nur minimal schmaler als die zu spritzende Fläche, so wird dies kaum negativ auffallen, sondern die Plastizität des Spritzbilds eher noch erhöhen. In der Länge lassen sich die Ausschnitte leicht mit Maskierband, das dann von unten an der Schablone klebt, begrenzen.

Wichtig ist es, mit einer hellen, ausreichend deckenden Basisfarbe zu beginnen. Die so aufgehellten Partien lassen bei den nachfolgenden Farbaufträgen feine Farbnuancen leichter zu, gerade wenn halbdeckend und verlaufend gespritzt wird. Dunkler als der Grundton des verwendeten Kartons sollten im Sinne eines guten Kontrasts nur die gelaserten Fugenschatten zwischen den Brettern sein.

2.8-44 Mit einem sehr feinen Pinsel (10/0) wird das Aussehen von stark verwittertem, ehemals lackiertem Holz herausgearbeitet. Ein solch feiner Pinsel in Künstlerqualität ist bei allen sehr feinen Farbaufträgen, wie beispielsweise auch bei den Kennzeichnungen auf den Feuerlöschern, die zuletzt auf dem Foto 3.8-39 links im Bild zu sehen waren, sehr hilfreich. Die Pinselhaare sind in der Regel für eine Farbsorte (wie Öl-, Acryl- oder Aquarellfarbe) besonders gut geeignet und die Pinsel entsprechend sortiert. Zur Darstellung von freiliegenden Holzpartien, die keinen Farbüberzug mehr haben, kommen hier helle, gut deckende Farben auf dem blauen Karton in Betracht. Um die Wirkung der soweit fertiggestellten Türen gut einschätzen zu können, lässt sich das dazugehörige Fassadenteil probeweise darüber legen. Aus ihrem Rahmen herausgetrennt und geöffnet wurden die auf schwarzem Fotokarton liegenden Tore erst, nachdem das Bemalen der Bauteile zufriedenstellend abgeschlossen war. Sind solche Pinselarbeiten für die Holzdarstellung dem Empfinden nach zu kontrastreich ausgefallen, kann der Kontrast mit dem Airbrush und transparenten Farben abgemildert werden. Die eben verwendete Maskierschablone leistet dann auch über Pinselarbeiten gute Dienste.

Hoch hinaus – ein Werksschornstein

2.9-01 Auch eine überzeugende Darstellung von größerer Höhe kann gelingen. Werksschornsteine im Modellbahnmaßstab sind ein heikles Thema. Oft sind sie im Vergleich zum großen Vorbild nicht maßstäblich und wirken leicht spielzeughaft. Ein Werksschornstein für große Schmiedefeuer, gebaut in der ersten Hälfte des 20. Jahrhunderts, wird mindestens 20 bis 25 m hoch sein. Im Maßstab 1:87/H0 sind dies annähernd 29 cm. Das hier angesprochene Modell kommt auf eine Gesamthöhe von 44 cm.

Maßstäbliche Architekturmodelle zu bekommen, ist heute ein lösbares Problem. Die maßstäbliche, dingliche Verkleinerung eines großen Vorbilds ist aber natürlich nur die eine Seite der Medaille, Stichwort: *Scale Effect*. Erst wenn die Farbgebung in diesen Prozess mit einbezogen wird, gelingt ein vorbildgetreues Modell.

2.9-02 Dieser mittelhohe Schornstein kann als passende Vorlage dienen. Er entspricht in etwa dem von Auhagen als Bausatz umgesetzten Vorbild. Augenfällig sind schon beim ersten Hinschauen die verspannten Schornsteinbänder, die gleichmäßig versetzt montiert wurden. Es stellt sich damit die Frage, ob gemäß der Bauanleitung, die dies nicht vorsieht, oder entsprechend dem hiesigen Vorbild gebaut werden sollte. Das gilt auch für den glänzenden Metallring am Schornsteinkopf, der auf dem entstehenden Modell nicht eingeplant ist – es bleibt hier beim Betonring, dem ursprünglichen Abschluss.

2.9-03 Luftperspektive und Lichteinfallswinkel betonen die Höhe. Die farbigen Kontrollstreifen auf dem Foto, die die Ziegeltöne vom Fuß des Schornsteins wiedergeben, belegen dieses Phänomen, das wir aufgrund unserer Sehgewohnheiten schnell außer Acht lassen: Je weiter der Blick nach oben schweift, desto heller wirken das Mauerwerk des Schornsteins, die Metallbänder und die Aufstiegseisen.

Der Blickwinkel der Fotovorlage entspricht im H0-Maßstab dem Blickwinkel des »Preiserleins«, also dem Max Mustermann der Modellbahn. Nun ist zwischen einem »Preiserlein« und dem Schornstein bei weitem nicht so viel Luft – um trotzdem eine stimmige Anmutung zu erzeugen, kommt Farbe ins Spiel.

2.9-04 Der nach oben hellere Farbauftrag entsteht mit dem Airbrush. Damit ein weicher Farbverlauf ohne Absätze gelingen kann, steht das Schornsteinmodell auf dem kleinen Drehteller von *Tamiya*. Die arbeitstechnische Herausforderung besteht darin, den Drehteller vor dem Sprühstrahl des Airbrushs langsam und so gleichmäßig zu drehen, dass der gewünschte Farbverlauf entstehen kann. Sollte dies im ersten Anlauf nicht gelingen, hilft das umgehende Abwaschen mit einem Lösemittel, das den Kunststoff des Modells nicht angreift (hierzu gegebenenfalls Vorversuche auf der Innenseite eines Schornsteinelements ausführen). Die Plastikbauteile für die Eisensprossen des Aufstiegs und für die Eisenbänder des Mauerwerks verbleiben derweil noch im Karton des Bausatzes.

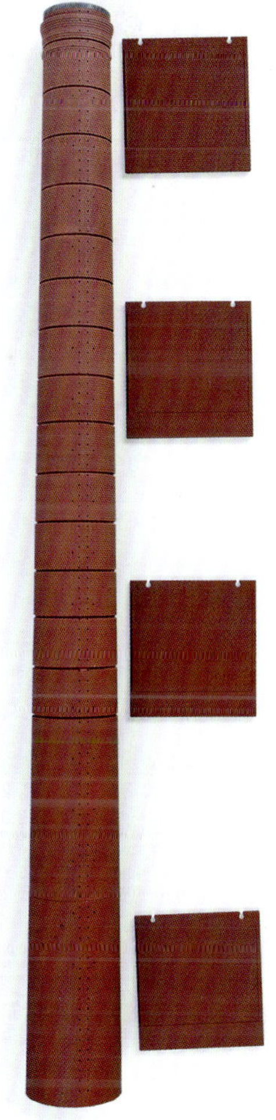

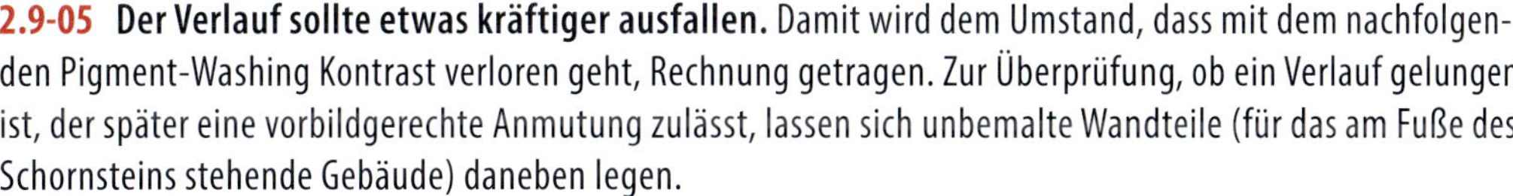

2.9-05 Der Verlauf sollte etwas kräftiger ausfallen. Damit wird dem Umstand, dass mit dem nachfolgenden Pigment-Washing Kontrast verloren geht, Rechnung getragen. Zur Überprüfung, ob ein Verlauf gelungen ist, der später eine vorbildgerechte Anmutung zulässt, lassen sich unbemalte Wandteile (für das am Fuße des Schornsteins stehende Gebäude) daneben legen.

2.9-06 Über der als Verlauf angelegten Grundfärbung folgt das Verfugen. Die Vorgehensweise dabei gleicht der Art und Weise, in der vorbildgerechte Ziegelwände entstehen. Auch hier können vorab einzelne Steine farblich betont werden, um das Mauerwerk noch kleinteiliger zu gestalten, wie ein Blick aus der Nähe zeigt. Wichtig auch: Das (Pigment-)Washing in den Fugen sollte sich von unten nach oben hin mit verändern.

All dies geschieht, bevor die »Metallteile«, also die Trittbügel für den Aufstieg und die Schornsteinbänder, anzusetzen sind, denn diese würden vorerst nur stören und gegebenenfalls (zu viel) Pigment einfangen.

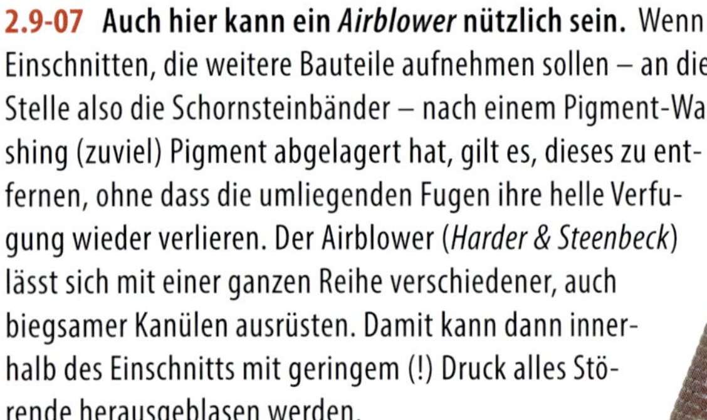

2.9-07 Auch hier kann ein *Airblower* nützlich sein. Wenn sich in Einschnitten, die weitere Bauteile aufnehmen sollen – an dieser Stelle also die Schornsteinbänder – nach einem Pigment-Washing (zuviel) Pigment abgelagert hat, gilt es, dieses zu entfernen, ohne dass die umliegenden Fugen ihre helle Verfugung wieder verlieren. Der Airblower (*Harder & Steenbeck*) lässt sich mit einer ganzen Reihe verschiedener, auch biegsamer Kanülen ausrüsten. Damit kann dann innerhalb des Einschnitts mit geringem (!) Druck alles Störende herausgeblasen werden.

2.9-08 Der schwarze Kunststoff der »Metallteile« wird ebenfalls verlaufsförmig aufgehellt. Nur so lassen sich die Teile optisch passend integrieren. Die an einzelnen Gießästen hängenden Trittbügel/Trittanker nebst den dazugehörigen Rückenschutzbügeln für den Aufstieg liegen zum Aufhellen auf der selbstklebenden Seite von breitem Maskierband. Auf dem untergelegten Karton wird das breite Maskierband seitlich durch schmale Maskierbandstreifen gehalten. Das Aufhellen der Trittbügel und Rückenschutzbügel erfolgt mit dem Airbrush, wobei immer zwei Gießäste zusammen ihre abgestufte Aufhellung erhalten. Bereits ausreichend aufgehellte Gießäste werden zum Überarbeiten der folgenden einfach mit Papier abgedeckt. Das Spritzbild des Airbrushs kann dabei ruhig etwas »rau« sein und damit ein wenig Umwelteinflüsse andeuten. Wie wenig helle Farbe notwendig ist, um das gewünschte Resultat zu erreichen, offenbaren die Maskierfilmstreifen, auf denen kaum eine Veränderung auszumachen ist. Den Schornsteinbändern sind Buchstaben in aufsteigender Reihenfolge zugeordnet, da sie, dem jeweiligen Schornsteindurchmesser entsprechend, in ihrer Größe variieren. Für das Aufhellen bedeutet dies in der Praxis, dass eine Hälfte des Gießastes abgedeckt wird, während auf der anderen Seite mit Hilfe des Airbrushs ein Verlauf entsteht, der in seiner Helligkeit zu den jeweiligen Trittbügeln und Rückenschutzbügeln des Aufstiegs passt.

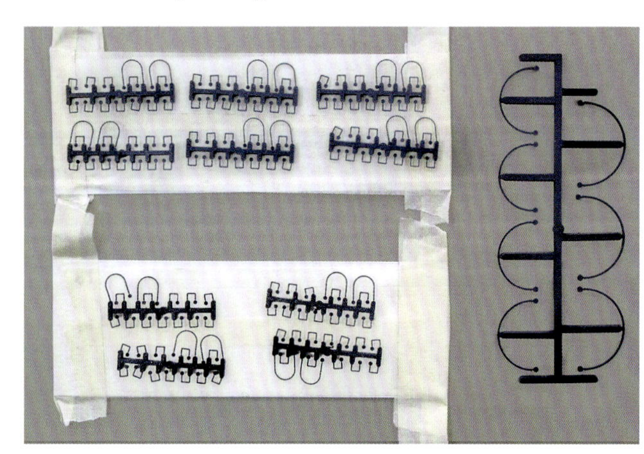

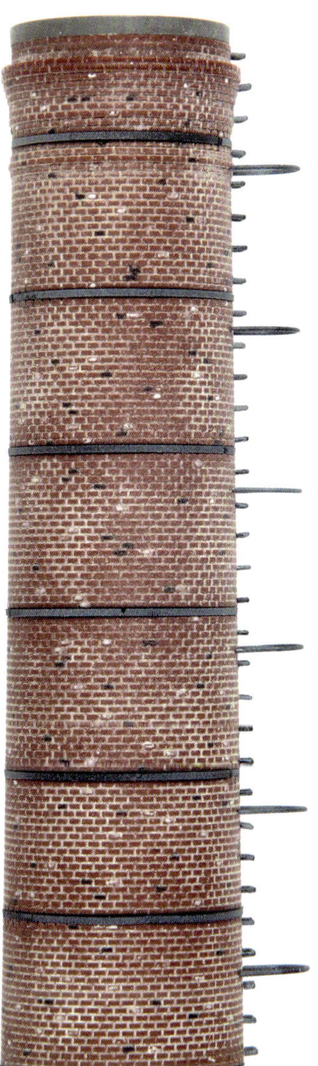

2.9-09 Die Trittbügel für den Aufstieg können zur Herausforderung werden. Zum einen gilt dies für all diejenigen, die sich mit der Montage kleiner und kleinster Zurüstteile nicht wirklich anfreunden können, zumal es um das möglichst rechtwinklige Ansetzen von 106 Trittbügeln geht. Dankenswerterweise hat Auhagen zehn Gießäste mit jeweils 12 Trittbügeln im Bausatz, sodass entschwundene Trittbügel sich (auch später) ersetzen lassen.

Zum anderen geht es dann um die Helligkeit der Ersatzbügel, so sie gebraucht werden. Für zusätzliche Ersatzbügel ist nach dem Aufhellen aller Gießäste in der beschriebenen Art am besten einer der beiden dunkelsten komplett zur Seite zu legen. Mit den Trittbügeln von neun Gießästen lässt sich der Aufstieg schaffen – ansonsten heißt es, einem Ersatzbügel vom weggelegten Gießast die benötigte Aufhellung zu geben. Beim Anfassen des Schornsteins offenbart sich, wie grifffest das Fugenwashing durch den Pigmentfixer/den Klarlack wirklich geworden ist. Wobei eine gewisse Fleckigkeit vorbildgetreu sein kann und deshalb das Ausbessern abgegriffener Stellen nebst erneutem Überspritzen zum Verfestigen kein Problem darstellt. Dies gilt auch für Stellen, an denen Plastikklebstoff in EXTRA THIN Qualität aus Versehen in die Fugen gelaufen ist und die Pigmente »verschwinden« ließ.

2.9-10 Extrem fließende Plastikkleber oder nasse Klarlackstellen können vorangegangene Pigment-Washings unsichtbar machen. Selbst auf einem stark vergrößerten Foto verschwindet das Pigment an dieser Stelle nahezu spurlos. Diese Gefahr besteht, wenn vor dem Ankleben der Tritt- und Sicherungsbügel und vor dem Einkleben der Stahlbänder mit einem Pigment-Washing verfugt wird. Eine solche Reihenfolge ist im ersten Anlauf selbstverständlich einfacher, da nichts das Verfugen stört. Beim folgenden Festkleben der Tritt- und Sicherungsbügel nebst Stahlbänder ist aber die Verwendung von einem Plastikkleber wie *Extra Thin Cement* (*TAMIYA*) eben nur mit großer Vorsicht problemlos.

Natürlich lassen sich mögliche »Schadstellen« einfach beseitigen und bringen beim erneuten Verfugen mit Pigment zusätzliche Struktur ins Mauerwerk, aber wenn alles schon vorher sehr stimmig gelungen ist, kann die richtige Klebstoffwahl oder Arbeitsreihenfolge doch überflüssigen Arbeits- und Zeitaufwand ersparen. Nassstellen, die beim abschließenden Überspritzen und Versiegeln des Pigment-Washings mit Klarlack das Washing in gleichem Maße verschwinden lassen, gehören somit also auch zu den »Unglücken«, die sich glücklicherweise gut beheben lassen.

2.9-11 Im direkten Vergleich für ein »Kitbashing«: Wieviel Pigment verfängt sich auf den unterschiedlichen Materialien? Es geht hier um Ziegelwände aus Plastik (entsprechend dem Schornstein) und Karton. Verwendet wird auf beiden Untergründen das gleiche Pigment. Der erste Versuch führt nur scheinbar zu unterschiedlichen Resultaten, denn auf das Hervorheben der Fugen durch das Pigment-Washing bezogen sind die Unterschiede auf den Mauerteilen recht unbedeutend. Es ist die Abweichung in der Grundfarbe der Wandelemente, die es vorab zu korrigieren gilt. Die Ziegelwände aus Karton sind hier das Maß der Dinge. Der Grund dafür, weshalb die Ziegelwände aus Karton das Maß der Dinge sind: Den Schornsteinfuß bildet ein quadratischer Ziegelbau. Hieran sollen sich auf der einen Seite die große Werfthalle, auf der anderen Seite ein kleinerer Anbau anschließen. Die Ziegelwände der Werfthalle und die Wände des Anbaus bestehen aus dem gleichen Karton; die Ziegelwände des Schornsteinfußes sind im Gegensatz dazu herstellerseitig aus Plastik gefertigt. Dieses klassische »Kitbashing« birgt die Schwierigkeit, unterschiedliche Materialien so zu bearbeiten, dass sie optisch zu einer Einheit verschmelzen. Zurück zum Versuch:

Vom Kunststoff lässt sich alles wieder relativ leicht abwaschen. Im nächsten Schritt gilt es nun, mit dem Airbrush die Grundfarbe der Plastikwand der des Kartons vorsichtig anzugleichen, ohne dass dabei die Oberfläche zu rau oder zu glatt wird. Anschließend wird das Pigment-Washing wiederholt. Bei Nichtgefallen kommt gegebenenfalls ein für die verwendete Modellbaufarbe (Airbrushfarbe) geeignetes Lösungsmittel, das dem Plastik nichts anhaben darf, zum Einsatz. Danach kann es von neuem losgehen – »Trial and Error« sind hier der beste Weg zum Erfolg.

2.9-12 Bietet der Anbau genug Raum, um den Schornstein vielleicht hinein zu stellen? Modellbautechnisch ist das sicherlich die einfachste Lösung. Denn damit entfallen auch die Spalten im Mauerwerk, die nicht immer überzeugend wirken und schon schwieriger zu kaschieren wären. Bliebe der mögliche Unterschied zum Mauerwerk des Schornsteins. Er dürfte kaum als unrealistisch wahrgenommen werden, zumal die Nachbildung eines grauen Betonsockels dort Abstand schafft. Außerdem kann beim Anlegen des Verlaufs auf dem Schornstein natürlich eine Grundfarbe aufgetragen werden, die farblich eine möglichst große Nähe zum Mauerwerk des Schornsteinfußes schafft.

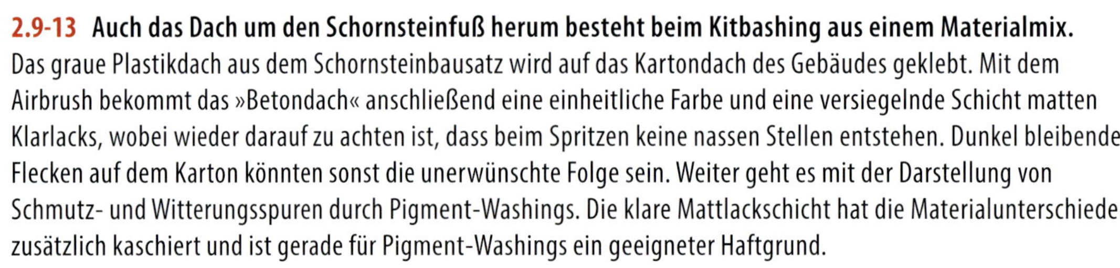

2.9-13 Auch das Dach um den Schornsteinfuß herum besteht beim Kitbashing aus einem Materialmix. Das graue Plastikdach aus dem Schornsteinbausatz wird auf das Kartondach des Gebäudes geklebt. Mit dem Airbrush bekommt das »Betondach« anschließend eine einheitliche Farbe und eine versiegelnde Schicht matten Klarlacks, wobei wieder darauf zu achten ist, dass beim Spritzen keine nassen Stellen entstehen. Dunkel bleibende Flecken auf dem Karton könnten sonst die unerwünschte Folge sein. Weiter geht es mit der Darstellung von Schmutz- und Witterungsspuren durch Pigment-Washings. Die klare Mattlackschicht hat die Materialunterschiede zusätzlich kaschiert und ist gerade für Pigment-Washings ein geeigneter Haftgrund.

Exkurs: Der *Scale Effect*

Vorbildgetreue Modelle gelingen nur, wenn die Farben, die am großen Vorbild zu sehen sind, mit in die dingliche Verkleinerung einbezogen werden. Unter dem – aus dem Englischen übernommenen – Begriff *Scale Effect* geht es um eben diese maßstäbliche Veränderung des Farbeindrucks. Die Umsetzung des *Scale Effects* beruht auf den historischen Erkenntnissen der Luftperspektive. Die Begriffe Luftperspektive und Farbperspektive haben ihren Ursprung in der Landschaftsmalerei. Bereits bei Leonardo da Vinci (1452–1519) als »Sfumato« zu finden, beruhen sie auf der Erkenntnis, dass die Luft zwischen dem Betrachter und einem entfernt sichtbaren Objekt die »Lokalfarbe« verändert. Der Begriff »Lokalfarbe« wird vom Begriffslexikon der Bildenden Künste (Dr. B. Bilzer, Braunschweig 1971) so definiert: *»Lokalfarbe ist in der Malerei die Bezeichnung für die Eigenfarbe eines Gegenstandes, wie sie ohne die verändernde Einwirkung von Licht und Schatten oder durch Reflexe von anderen Farben erscheint«*.

2.9-Exkurs-1 Auf dem s/w-Foto (von KB Negativfilm *ILFORD XP1 400*) ist die Luftperspektive in ihrer Grundform sehr schön auszumachen. Bei dieser Aufnahme lenken keinerlei Farbeindrücke vom Wesentlichen ab. Zu sehen ist der Blick auf die Hamburger Werft von Blohm & Voss vom Fischmarkt aus (1981) im diffusen Licht eines bewölkten Himmels. Durch die Luft zwischen dem Betrachter und dem Gegenstand verschiebt sich die wahrgenommene Lokalfarbe mit zunehmendem Abstand, und zwar ins Helle und Bläuliche/Blaugraue. Das bedeutet auch, dass auf allem, was dem Licht ausgesetzt ist, weder reines Schwarz noch reines Weiß als Farbton vorkommt. Auch der Glanzgrad unterliegt »in der großen Welt« natürlich der Luftperspektive und damit dem *Scale Effect*.

Je weiter ein Gegenstand vom Betrachter entfernt ist, je kleiner also der Betrachtungsmaßstab wird, desto weniger kommt der Glanzgrad einer Oberfläche zur Geltung. Diese Phänomene lassen sich selbstverständlich nicht nur draußen vor Ort, sondern auch in der (Landschafts-)Fotografie beobachten. Verständlicherweise variieren solche Beobachtungen auf Grund von Wetter- und Lichtverhältnissen deutlich, etwa durch Regenschauer oder schräg einfallendes Sonnenlicht (Sonnenaufgang/Sonnenuntergang), bleiben aber sichtbar.

2.9-Exkurs-2 Zum *Scale Effect* gehören thematisch, über die Luftperspektive hinausgehend, noch die Themenkreise Schattentiefe und Zenithal Light. Zusammen mit dem *Scale Effect* ist somit ein weiterer Anglizismus aus dem Modellbau benannt, nämlich das *Zenithal Lighting* bzw. die Zenithal Lighting Theory. Was es damit auf sich hat, lässt sich gut anhand einer stilisierten, von seiner Lokalfarbe her komplett weißen Architekturdarstellung zeigen. Das Licht kommt bei diesen Überlegungen stets aus dem Zenit, also von oben. Ausgehend vom rollenden Material der Modellbahn, das sich in der Regel in wechselnder Ausrichtung bewegt, leuchtet es ein, dass nur die Betonung eines neutralen Lichteinfalls von oben zu einem vorbildgetreuen Gesamteindruck führen kann. Dabei ist es sinnvoll, von den mittäglichen, diffusen Lichtverhältnissen unter einer dünnen, geschlossenen Wolkendecke in Nordeuropa auszugehen. Mehr dazu im Kapitel »Raumgreifend – ein Hafenkran«. Hinter dem Begriff der Schattentiefe steht die folgende Erkenntnis: Da das Volumen der uns interessierenden, maßstäblich verkleinerten Modelle wesentlich geringer ist als das Volumen des großen Vorbilds, die Tageslichtbedingungen aber letztlich dieselben sind, fallen die Schatten beim Modell nicht maßstabsgerecht aus. Den im Halbschatten und Schatten liegenden Modellteilen fehlt die räumliche Tiefe des Schattenbereichs beim Vorbild. Es gilt also, die Schattentiefe des Modells mit Hilfe geeigneter Farben optisch zu vergrößern. Das Bild zeigt mit seiner Überzeichnung, wo die (Halb-)Schatten auf der Lokalfarbe durch passende Schattentöne zu verstärken sind, um auf Modellen eine realistische Anmutung zu erzielen. Das Kapitel 2.5 »Die Schattentiefe – Ein Schlüssel zu überzeugender Modellbahn-Architektur« geht darauf ausführlicher ein. Dabei ist nicht zu vergessen: Auch die Betonung der Gebäudehöhe spielt bei der Farbgebung durch darauf abgestimmte Verläufe eine Rolle, wie im vorausgegangenen Kapitel deutlich wurde. Ein Versuch, sich all diesem mathematisch zu nähern, ist unnötig und in diesem Zusammenhang auch definitiv zu komplex. Das Geheimnis beim Herausarbeiten des *Scale Effects* besteht in erster Linie darin, dass am fertiggestellten Modell nur der geübte Betrachter beim genauen Hinschauen feststellen kann, was in Sachen Farbgebung wirklich geschehen ist. Für alle anderen sieht das Architekturmodell einfach »richtig« aus und exakt das ist hier das wichtigste Kriterium.

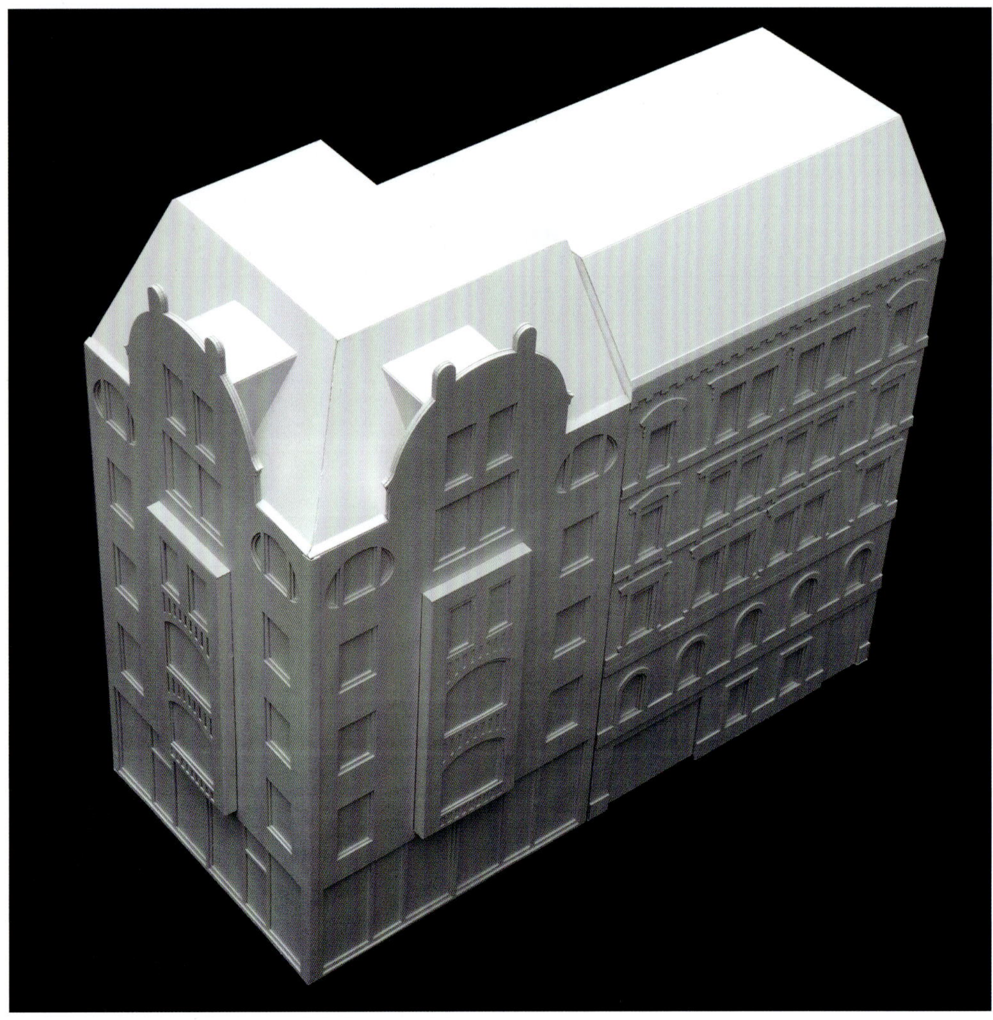

Raumgreifend – ein Hafenkran

2.10-01 Es geht um Plastizität. Diese gilt es zu betonen, wenn eine Krananlage vorbildgerecht dastehen soll. Damit rückt, zusammen mit dem Scale Effect, ein weiterer Begriff aus dem Modellbau in den Fokus einer praktischen Umsetzung: *Zenithal light(ing)*, also *Natürliches diffuses Licht von oben*. Bei der Umsetzung des Scale Effects meist »stillschweigend« vorausgesetzt, manifestiert sich das *Zenithal light(ing)* zum Beispiel in akzentuierten Halbschatten oder betonten Lichteinfällen (vgl. den Exkurs im vorangegangenen Kapitel!). Die Beobachtung, wie viel Licht unter diesen Bedingungen auf welche Oberflächen fällt, ist also der Ausgangspunkt für das Einbringen des Prinzips *Zenithal light(ing)* in die farbliche Gestaltung.

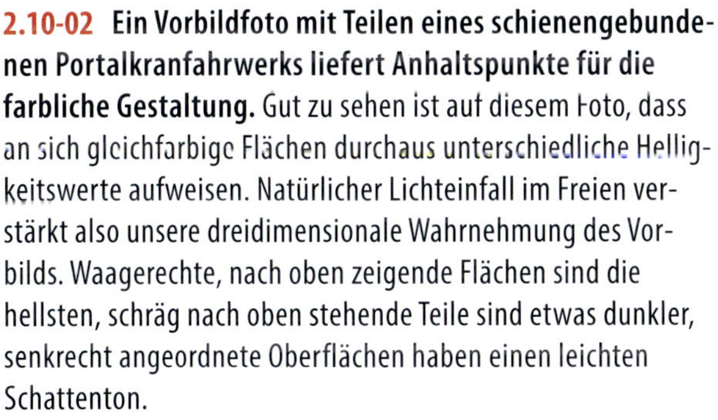

2.10-02 Ein Vorbildfoto mit Teilen eines schienengebundenen Portalkranfahrwerks liefert Anhaltspunkte für die farbliche Gestaltung. Gut zu sehen ist auf diesem Foto, dass an sich gleichfarbige Flächen durchaus unterschiedliche Helligkeitswerte aufweisen. Natürlicher Lichteinfall im Freien verstärkt also unsere dreidimensionale Wahrnehmung des Vorbilds. Waagerechte, nach oben zeigende Flächen sind die hellsten, schräg nach oben stehende Teile sind etwas dunkler, senkrecht angeordnete Oberflächen haben einen leichten Schattenton.

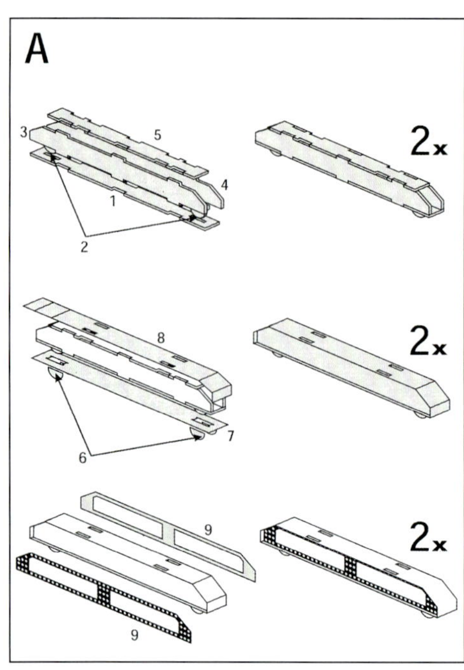

2.10-03 Eine Serie von Grafiken dient als Bauanleitung für den Hafenkran-Bausatz (*MKB*). Die rein grafische Anleitung ist unterteilt in acht (A bis H) DIN-A5-Blöcke. Der Aufbau des Portalkrans erfolgt von unten nach oben, beginnt also mit den schienengebundenen Fahrwerken. Alle Bauteile sind nummeriert und auf den einzelnen Kartonplatten schnell zu finden. Anzumerken ist, dass das Bauen dieses Kranmodells eher einem Modellbahner mit Modellbauerfahrung Freude machen wird.

2.10-04 Die einzelnen und später sichtbaren Bauteile sind in passend durchgefärbten Kartonplatten zusammengefasst. Jedes Bauteil hat somit bereits seine Grundfarbe. Lasergravierte Strukturen und Details schaffen zusätzliche Farbschattierungen. Diese Farbschattierungen bleiben beim vorsichtigen Auftragen von stark lasierenden (transparenten) Farben, die hier ja vorrangig feine Licht- und Schattenakzente setzen sollen, auch sichtbar. Auf schwarzen Karton gelegt, lassen sich zwischendurch selbst kleine Farbabstufungen sicher einschätzen.

Zum Überarbeiten mit dem Airbrush verbleiben die Teile vorerst in ihrer Kartonplatte, womit die Frage, wie sie beim Farbauftrag am besten zu halten sind, fürs Erste entfällt. Wichtig ist in jedem Fall, das »trocken« gespritzt wird, damit die zum Teil sehr schmalen Kartonbauteile sich nicht verziehen!

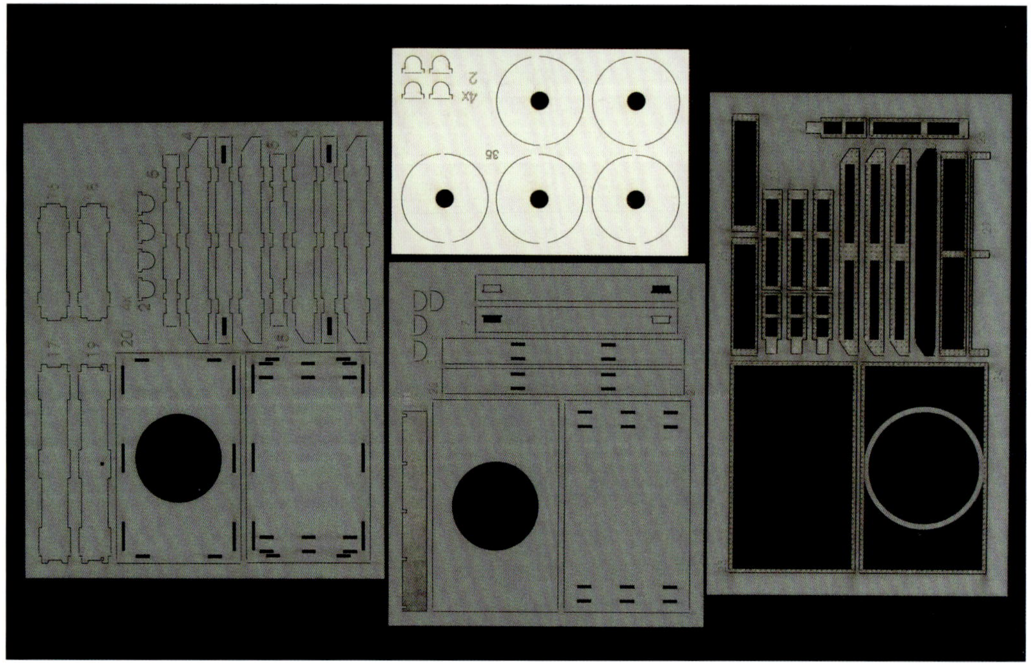

2.10-05 Beim Einfärben von Bauelementen vor dem Heraustrennen aus der Kartonplatte sind umliegende Teile abzudecken. Lediglich der Farbauftrag für die zweiteiligen Räder (Lauffläche und Spurkranz) kann frei und ohne Maskierung aus der Mitte heraus mit dem Airbrush erfolgen. Der Farbton dafür ist ein Rostton (Flugrost).

Ein zum Abdecken verwendetes Maskiermaterial darf die Oberfläche des Kartons – und gegebenenfalls auch Farbaufträge darauf – verständlicherweise nicht beschädigen. Dies ist besonders bei selbstklebendem Maskierfilm oder -band kritisch. Als unproblematisch erweist sich hier wieder *TAMIYA Masking Tape*; ein kurzer Test auf einem nicht genutzten Teil der jeweiligen Kartonplatte ist aber obligatorisch!

Die Wahl des Farbtons zum Schattieren der zurückliegenden Seitenteile fiel auf ein transparentes *Umbra*. Für eine sichere Antwort auf die Frage, ob der gewünschte Kontrast zum davor aufzusetzenden Strukturelement erreicht ist, lag dieses Element zwischendurch immer wieder auf dem überspritzten Seitenteil. Um bei diesem Abtönen nicht »kleinteilig« abdecken zu müssen, können kurzerhand alle inneren Bauteile des Fahrgestells en bloc schattiert werden, da dies nach dem vollständigen Zusammenbau nicht mehr zu sehen sein wird. Die Plastizität der aufliegenden Abdeckung lässt sich mit »transparentem« Weiß, also einem Weiß mit zugegebenem Bindemittel (Transparent medium – Transparent Extender) verstärken. Einen ersten Eindruck davon, wie diese Farbaufträge letztendlich wirken, liefert der Vergleich mit einer gleichartigen, bereits auf ein Fahrwerkssegment aufgesetzten Abdeckung. Die im Schatten liegende Unterseite der Bodenplatte wird anschließend mit einem dunklen, transparenten (Erd-)Ton schattiert.

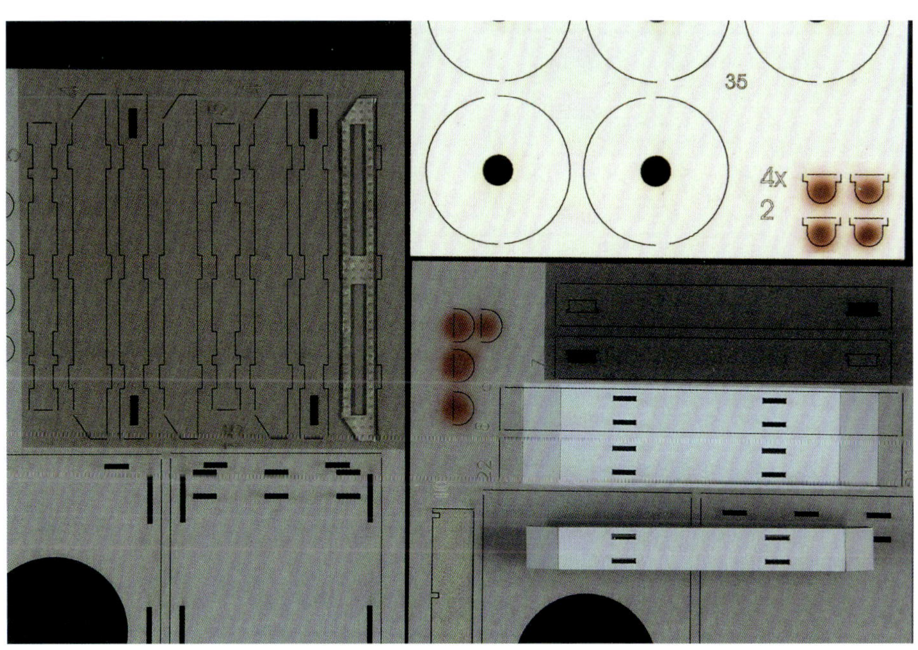

2.10-06 Das Zusammensetzen der beiden Fahrwerke beginnt mit dem Einschieben der Laufräder in die Bodenplatten. Von oben verklebt, lassen sich die vorher ein wenig geglätteten Laufflächen nun mit einem sehr feinen Pinsel der Größe 10/0 so bemalen, dass sie als blanke Metallflächen erscheinen. Das auf der Farbflasche notierte Mischverhältnis steht für drei Tropfen *Perlmutt* mit einem Tropfen *Grafit transparent*. 30 zu 10 Tropfen ergeben eine für dieses Projekt (die Farbe wird noch an weiteren Stellen benutzt) ausreichende Farbmenge. Aufbauend auf die Bodenplatte, entsteht das Grundgerüst der Fahrwerke. Die verzahnten und stabil ineinandergreifenden Bauteile bilden einen inneren Baukörper, auf den dann die zweite Bodenplatte mit den Spurkränzen der Räder zu kleben ist. Dabei sollte die Bodenplatte nicht gänzlich bis an die Laufradseite gedrückt werden, sodass der Eindruck eines Radschachts entsteht. Der Spurkranz passt dann exakt auf die Gegenseite des Laufrads. Das Ankleben der oberen Abdeckplatten und der seitlichen Strukturelemente bildet den Abschluss.

2.10-07 Um die Räder beim Montieren der Portalverstrebungen nicht zu beschädigen, stehen die Fahrwerkskästen für den zweiten Bauabschnitt übereck auf einem Holzklotz. Diese Lösung zum Schutz der Spurkränze ist nur eine kurzfristige, denn der Holzklotz gehört zur Standardausrüstung meines Arbeitsplatzes: Ein länglicher Klotz aus festem Verpackungsschaum, der schmaler ausfällt als der Abstand zwischen den Rädern eines Fahrwerks (≤ 50 mm), wird mit dem Ansetzen der Portalstützen an den Brückenkasten diese Aufgabe übernehmen.

Beim großen Vorbild reflektiert Licht vom Deckblech des Fahrwerkskastens auf die Portalverstrebungen. Dieses Phänomen gilt es auch beim Modell, und zwar vor dem Zusammenbau dieser jetzt zu montierenden Teile, durch einen fein gespritzten Farbverlauf zu berücksichtigen. Zudem sind natürlich die schräg stehenden Tragwerksteile gleich mit aufzuhellen.

2.10-08 Im zweiten Bauabschnitt geht es um die Portalstützen über den Fahrwerken und um eine Aufstiegsbrücke. Die Bodenplatte der Aufstiegsbrücke besteht beim Vorbild aus einem stählernen, geschwärzten Riffelblech. Dessen schon etwas abgenutzte Riffelblechstruktur ist für das Modell mit dem Laser graviert. Um diese Gravur gut zur Geltung kommen zu lassen und einen abgelaufenen Eindruck auf dem Blech zu verstärken, kann der für die Laufräder angemischte Metallton wieder genutzt werden. Auf dem dann metallisch glänzenden Kartonstück folgte ein sehr dunkles Pigment-Washing. Die Unterseite des Blechs, also die Schattenseite, wurde zudem nachgedunkelt.

Die Kartonstreifen, die das dazugehörige Geländer wiedergeben sollen, erhielten an ihrer Oberseite eine Aufhellung und von unten eine Schattierung, um auch an diesen Teilen Plastizität zu betonen. Für die Farbgebung der Portalverstrebungen, die nun an der Reihe sind, gilt das für die Fahrwerksbleche Gesagte. Auf schwarzen Karton gelegt, lassen sich die einzelnen Tonwerte auf den Bauteilen gut einschätzen.

2.10-09 Auch vor dem Zusammenbau des Brückenkastens, auf dem später der eigentliche Kran steht, sind Bauteile farblich vorzubereiten. Von der Sache her geschieht dies wie bei den Fahrwerkskästen. Als frei gespritzte Verläufe entstehen hier die Schatten rund um die Öffnung der Drehmechanik, später dann unterhalb der Aufstiegsbrücke und an den Verbindungsteilen zu den Portalstützen. Das Schattieren der Verbindungsteile bildet zusammen mit dem Anlegen des Schattens unterhalb der Aufstiegsbrücke den Abschluss dieses Bauabschnitts, denn dafür müssen die bisher gestalteten Baugruppen jeweils zusammengesetzt sein.

2.10-10 Ein sehr gleichmäßiger Schattenwurf gelingt, wenn der Airbrush beim Schattieren an der Schneidekante eines Metalllineals mit der Linealführung entlanggezogen wird. Beim Schattieren unterhalb der Aufstiegsbrücke schützt Maskierband die Bodenplatte des Brückenkastens. So lässt sich verhindern, dass die Bodenplatte, die vorab ebenso wie die Deckplatte homogen flächig eingefärbt wurde, beim Schattieren unterhalb der Aufstiegsbrücke seitlich mit überspritzt wird. Schon beim Ansetzen der Aufstiegsbrücke ist zudem darauf zu achten, dass das »Riffelblech«, das den Laufweg bildet, bündig mit der Kastenseite abschließt. Hier ist eine entsprechende Trockenpassung (also ein Zusammenfügen noch ohne Klebstoff) empfehlenswert, denn durch einen Spalt würde die mit dem Airbrush aufgetragene Schattenfarbe auch oberhalb vom »Riffelblech« ankommen.

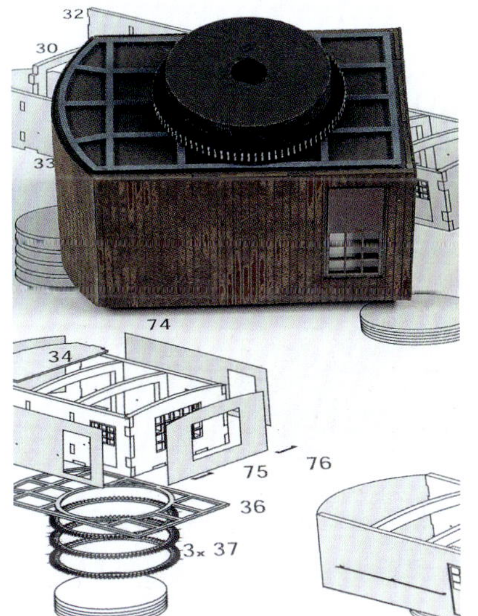

2.10-11 Das nun folgende Kranhaus ist auch auf seiner Unterseite vorbildgerecht gestaltet. Die fein gelaserten Zahnkränze kommen im Schattenbereich des zusammengebauten Modells zur Geltung, wenn es gelingt, die Zähne zu betonen. Dafür bietet sich der bereits für die Laufflächen der Fahrwerksräder angemischte Metallic-Farbton an. Beim Ziehen eines mit dieser Farbe benetzten Pinsels (nicht zu viel Farbe aufnehmen!) quer zu den Zahnradspitzen entsteht der gewünschte Farbauftrag. Wenn dies vor dem Aufeinandersetzen der Zahnkränze geschieht – was einfacher ist – lässt sich danach auch gut erkennen, wann die Zahnkränze beim Ankleben exakt übereinander liegen.

Auch das Ankleben der Fensterscheiben geht am einfachsten vor dem Zusammenbauen des Kranhauses, das bautechnisch ansonsten keine speziellen Anforderungen stellt.

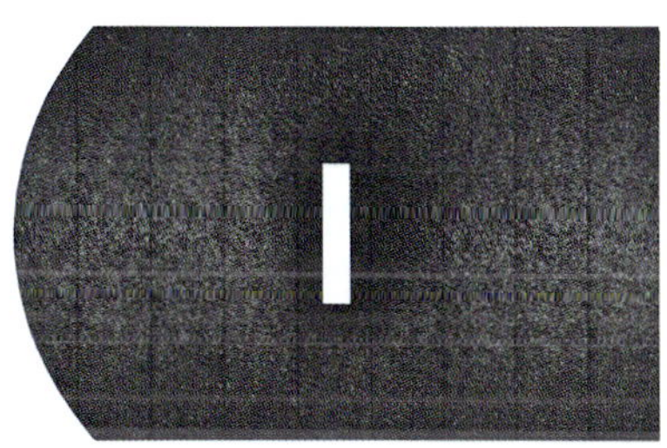

2.10-12 Aus schwarzem Karton mit gelaserter Struktur entsteht das Dach. Da es entsprechend den Gesetzmäßigkeiten des Scale Effects im Modellbau weder Reinweiß noch reines Schwarz als Farbton gibt, wird das Dach insgesamt aufgehellt. Damit wird auch die Struktur sichtbarer, die sich durch gesprenkelte Farbaufträge weiter verfeinern lässt und so den Eindruck eines älteren, recht verschmutzten Dachs wiedergibt. Um die Wölbung des aufgesetzten Dachs gleich mit zu betonen, geschieht das Aufhellen, von der Längsachse ausgehend, in unterschiedlicher Stärke und darf auch unregelmäßig sein. Die Betonung der Stöße kommt dann hinzu. Nach dem probeweisen Aufsetzen des jetzt noch zu bauenden Kranauslegers wird klar, wo es später einzelne Schatten auf dem Dach zusätzlich zu verstarken gilt.

Da das Dach seitlich an den Wänden des Kranhauses überstehen wird, erhält auch der Schattenwurf des Dachs an der Oberkante der Kranhauswände eine farbliche Verstärkung. Die Vorgehensweise dafür entspricht der Schattenverstärkung unter dem Laufsteg des Brückenkastens. Die Locher für die Haltestangen an den Seitenwänden und der Stirnwand sind gegebenenfalls vorsichtig nachzubohren. Da ich am rollenden Material, insbesondere an meinen Güterwagen, viele Griffstangen aus Kunststoff gern durch solche aus Messingdraht ersetze, habe ich auch hier statt der vorgesehenen Kartonstangen zum Schluss solche aus Messing verbaut.

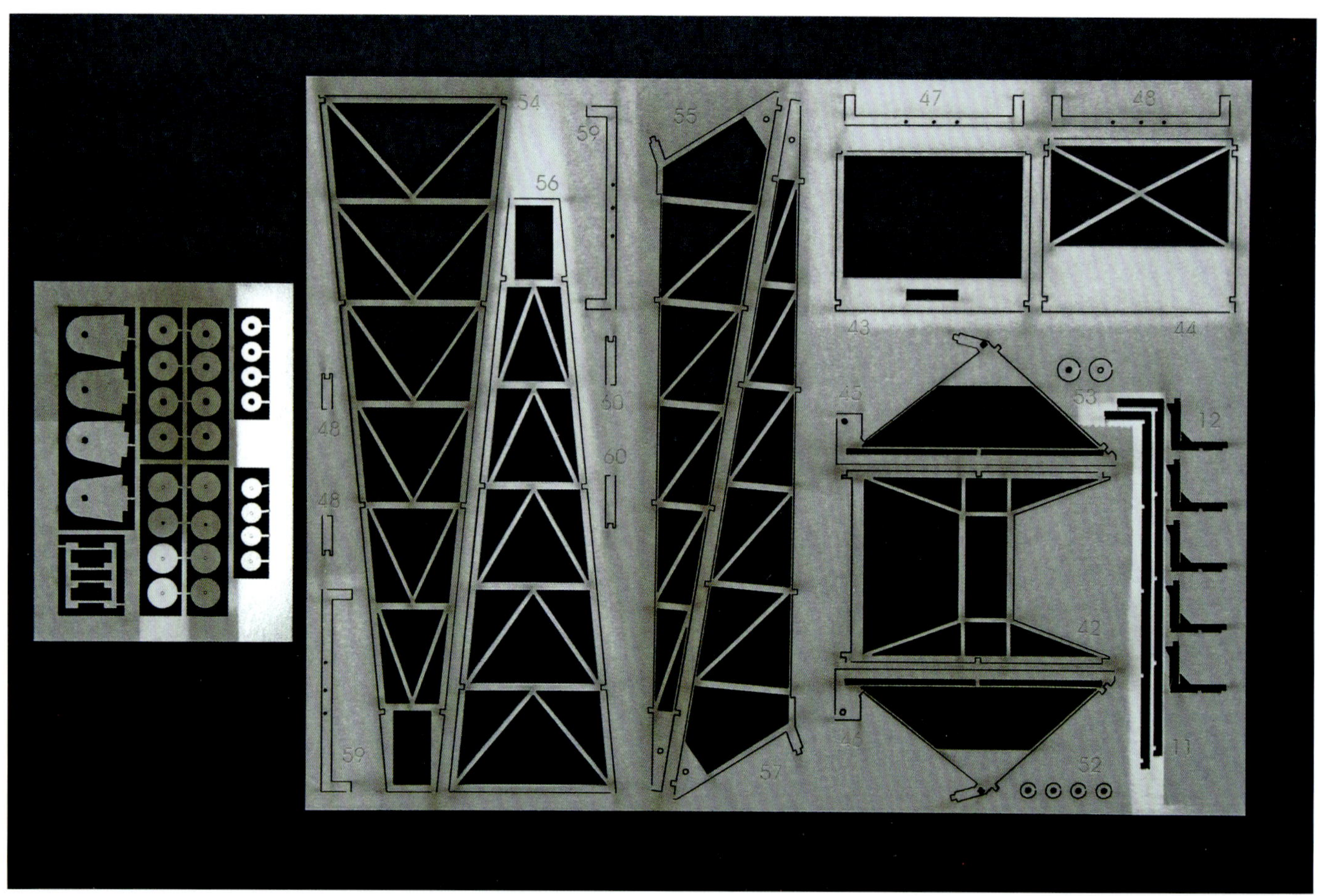

2.10-13 Vor dem Zusammenbauen des Kranauslegers heißt es wieder, die einzelnen Bauteile farblich vorzubereiten. Entsprechend der Bauanleitung geht es mit den Umlenkrollen für die Seilführung auf dem Dach weiter. Die Halteplatten für die Umlenkrollen sind mit ihrem Kartonrahmen nur über einen dünnen Steg an ihrer Unterseite verbunden. Sie lassen sich also ein wenig nach vorn aus der Kartonebene herausdrücken und so von oben auf ihrer Schmalseite aufhellen. Desgleichen gilt für die äußeren Seilführungen der Rollen. Wichtig ist bei diesem Aufhellen mit dem Airbrush, dass mit wenig Druck sehr fein gespritzt wird. Wieder flach in den Rahmen zurückgedrückt, erhalten die Seitenflächen der Halteplatten, die später nach innen zeigen, einen leichten Schattenton. Gleiches geschieht mit den äußeren Seilführungsscheiben der Rollen. Zum Abdecken der im Rahmen angrenzenden Teile dienen beim Spritzen Kartonstücke mittlerer Größe (mit der Hand festgehalten), da Maskierband die Bauteile hier beim Abziehen aus dem Rahmen herauslösen würde.

Für die metallisch-blanken Laufflächen der Umlenkrollen kommt ein weiteres Mal der bereits für die Laufflächen der Fahrwerksräder angemischte Metallic-Farbton zum Einsatz. Dieser Farbauftrag wird nach dem Zusammenbau der Rollen zwar nur außen auf den eigentlichen Laufflächen zu sehen sein, vom Spritzvorgang her ist es aber einfacher, diese Radteile schnell komplett einzufärben. Das Vorgehen beim Lasieren der größeren Bauelemente für die Auslegerkonstruktion folgt ebenfalls wieder den geschilderten Überlegungen zum Betonen von Höhe (lang angelegte Verläufe), zum Scale Effect und zur Zenithal Lighting Technique. Die auf Trägern und Profilen aufbauende Auslegerkonstruktion ist in dieser Hinsicht etwas komplexer als die Kästen der Fahrwerke und der Portalkonstruktion. Dazu gehört, dass viele Bauteile der Auslegerkonstruktion von allen Seiten sichtbar bleiben. Dadurch, dass gegebenenfalls auch beim oder nach dem Zusammenfügen der Bauteile noch Schatten- und Lichtakzente gesetzt werden können, stellt sich dies jedoch als gut machbar heraus.

2.10-14 Die zusammengesetzten Auslegerteile weisen die gewünschte Plastizität auf. Vor einem weißen Hintergrund und ohne die zusätzlichen Farbaufträge direkt erkennen zu lassen, zeigt sich die gewünschte optische Wirkung. Das Verbinden der beiden Baugruppen mittels einer durchgehenden Achse und das Einziehen der »Stahltrossen« bilden die weiteren Arbeitsschritte. Das Befestigen auf dem Kranhausdach zusammen mit dem Verkleben auf dem Kranhaus gehört dazu. Dann fehlen noch die Leitern oben auf dem Ausleger, an der Seite das Kranhauses und als Aufstieg an der Portalseite.

Damit auch die Leitern überzeugend aussehen, wird mit ihnen farblich erst einmal wie mit dem Geländer der Aufstiegsbrücke verfahren. Der Airbrush lässt sich hier entlang der Leiter nahezu parallel zum Kartonrahmen führen, sodass die Leitersprossen (!) auf der Vorderseite von oben heller und auf der Rückseite von unten dunkler werden. In Aufstiegsrichtung entsteht zudem ein leichter Verlauf in einen helleren Grauton. Die Leitern verbleiben dafür in ihrem Kartonrahmen. Vor dem feinfühligen Heraustrennen aus ihrem Rahmen ist das präzise Kürzen der einzelnen Leitern auf die gewünschte Länge empfehlenswert. Kleine »Kanthölzer« aus dem Kartonrahmen der Kranhauswände halten die Leiter des Kranhauses anschließend auf vorbildgerechtem Abstand zur Holzwand.

2.10-15 Aus der »Helikopterperspektive« betrachtet, zeigt sich der Erfolg im Ganzen. Wirklich gelungen ist ein solches farbliches Verfeinern eines Modells, wenn sich die hinzugekommenen, unterschiedlichen Farbaufträge, die dem Betonen des Plastizität dienen, am fertigen Modell nicht gleich als solche für den Betrachter erschließen, sondern das Ganze schlussendlich einfach »richtig« aussehen lassen.

2.10-16 Eine Reihe von Bauteilen, wie die Deckplatte des Brückenkastens, ist noch zu sauber. Natürlich könnten die Metallteile des dargestellten Krans gerade frisch gestrichen sein, aber ein abschließendes Pigment-Washing, das ein wenig Schmutz und Regenspuren darstellt, ist vielleicht doch eine gute Idee ....

3D – ein Industrie-Tank mit angegriffener Oberfläche

2.11-01 Der NH3-Tank entstammt in wesentlichen Teilen dem 3D-Drucker. Dieser Tank und seine Umgebung sind das Abbild einer real existierenden Industrieanlage. Der enge Vorbildbezug und die Tatsache, dass für diesen Modellbau nicht auf ein Serienmodell zurückgegriffen werden konnte, führten zum 3D-Druck, der dann entsprechend dem großen Vorbild farblich zu gestalten war. Dabei ergänzten sich Farbaufträge mit dem Airbrush und verschiedene Washings.

2.11-02 An den ersten Bauteilen zeigt sich, wie die nächsten Arbeitsschritte aussehen sollten. Mit einem ersten Farbauftrag auf den Tanksegmenten – der auch gleich alle Stellen gut sichtbar macht, die noch gespachtelt oder verschliffen werden müssen – lässt sich die Haft- und Grifffestigkeit der gewählten Farbsorte prüfen und die Frage klären, welche Grundierung gegebenenfalls erforderlich ist. Nicht geeignete Farbsorten können mit den entsprechenden Verdünnungsmitteln leicht wieder entfernt werden. Sollten hinsichtlich der Verträglichkeit des Verdünnungsmittels mit dem Werkstoff Zweifel bestehen, bietet sich die Innenseite der Tankringe für kurze Vorversuche an.

2.11-03 Nicht alle Tankbauteile sind als 3D-Druck entstanden. Auch bei einem Materialmix soll am Ende selbstverständlich ein einheitlicher Farbeindruck entstehen. Bei diesem Modell gilt es, Lasercut-Karton (Aufstieg und Roste), Kunststoff (Tank, Unterbau des Umlaufs und Geländer) und Modellspachtel zu einem einheitlichen Äußeren zu verschmelzen. Nebeneinandergelegt zeigt sich, wie verschiedenartig die einzelnen Oberflächen schon von ihrer Materialfarbe her sein können. Durch unterschiedliche Materialeigenschaften und Oberflächen kann deshalb ein variierender Farbeindruck entstehen, dem, soweit er nicht gewünscht war, mit geeigneten einheitlichen Grundierungen entgegenzuwirken ist. Dies gewährleistet ein gleichmäßiges Deckvermögen der danach aufgetragenen Farben und einen ebenmäßigen Oberflächenglanz. Für alle Arbeiten sind die bekannten Farbsorten aus dem Modellbau geeignet.

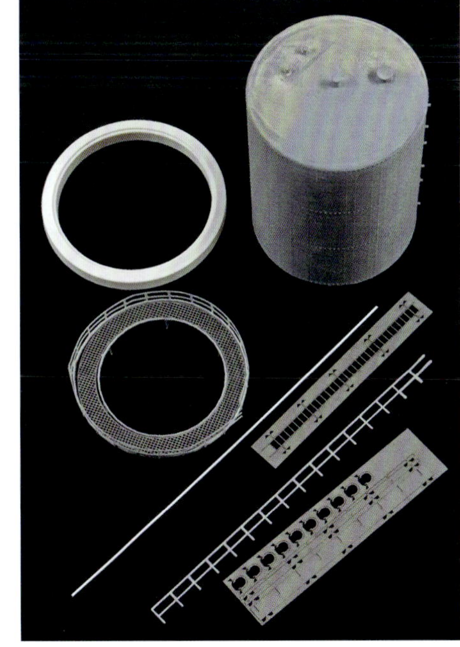

2.11-04 Ein Drehteller für den Modellbau hält das Tankmodell. Ein kleiner Drehteller (TAMIYA) ist hier sehr hilfreich, denn der Tank lässt sich damit während des Spritzvorgangs vor dem Airbrush drehen. Das Tankmodell wird von innen mit zwei Drahtbügeln gehalten, sodass es keine Auflagefläche gibt, von der beim Arbeiten mit dem Airbrush (Farb-)Staub aufgewirbelt oder zurückgeworfen werden kann.

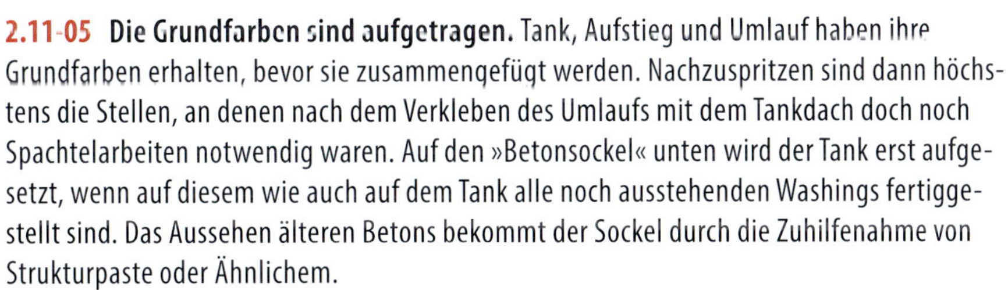

2.11-05 Die Grundfarben sind aufgetragen. Tank, Aufstieg und Umlauf haben ihre Grundfarben erhalten, bevor sie zusammengefügt werden. Nachzuspritzen sind dann höchstens die Stellen, an denen nach dem Verkleben des Umlaufs mit dem Tankdach doch noch Spachtelarbeiten notwendig waren. Auf den »Betonsockel« unten wird der Tank erst aufgesetzt, wenn auf diesem wie auch auf dem Tank alle noch ausstehenden Washings fertiggestellt sind. Das Aussehen älteren Betons bekommt der Sockel durch die Zuhilfenahme von Strukturpaste oder Ähnlichem.

2.11-06 Der Blick auf das große Vorbild. Beim Anschauen des Tanks von allen Seiten zeigt sich, dass sich je nach Blickrichtung ein recht unterschiedliches Bild ergibt. So ist auf der Aufstiegsseite deutlich weniger Rost auszumachen als auf der gegenüberliegenden Seite (vgl. Foto 2.13-10). Die graue Verwitterung ist jedoch rundherum zu finden, die ausgeprägten Rostspuren verlaufen darüber hinweg. Somit bildet das Darstellen der dunkelgrauen Verfärbungen den nächsten Arbeitsschritt.

2.11-07 Mit einem Pigment-Washing beginnt das Verwittern (Weathering) des Tanks. Dunkelgraue, speziell für Pigmentwashes angebotene Pigmente bilden die Verschmutzungen des Tanks. Das Auftragen lässt sich mit verschiedenen Pinseln, aber auch mit geeigneten Schminkutensilien etc., bewerkstelligen. Zum abschließenden Fixieren der Pigmentspuren kommen dazugehörende, sogenannte »Pigment Fixer« in Frage, aber auch mit mattem Klarlack kann die gewünschte Festigkeit sichergestellt werden.

Zum Einlaufenlassen des Pigment Fixers in die Pigmentaufträge dient ein aufnahmefähiger Pinsel in entsprechender Größe. Pigment Fixer und Klarlack können auch gespritzt werden. Aber Vorsicht beim Auftragen mit dem Airbrush: Zu viel Luftdruck bzw. eine zu große Nähe zur Tankoberfläche führen dazu, dass zumindest Teile der Pigmente verloren gehen können. Ein brauchbarer Sprühnebel lässt sich, wenn kein regulierbarer Druckminderer am Kompressor vorhanden ist, erzielen, indem der Luftschlauch mit viel Fingerspitzengefühl abgeknickt/zusammengedrückt wird. Die grundlegenden Verfärbungen der Betonoberfläche am Sockel entstanden anschließend mit regulär und frei gespritzten Modellbaufarben, die dort in unterschiedlicher Intensität und Strichstärke aufgetragen wurden. Das Pigment-Washing bildete den Abschluss. All dies sollte vor dem Ansetzen des Sockels geschehen.

2.11-08 Die Nahansicht des Betonsockels ist hier Vorbild. Die Abplatzer am Betonsockel entstehen mit Hilfe der erwähnten Strukturpaste, die für den Modellbau in verschiedenen Formen angeboten wird. Schwarze Pigmente, die über einer variierend grauen Grundfarbe verrieben werden, ergeben dann das gewünschte Gesamtbild. Zum Schluss ist darauf zu achten, dass die Oberfläche beim Modell dem Vorbild entsprechend wirklich matt ist.

2.11-09 Licht und Schatten werden von oben/von unten gespritzt. Die Leitersprossen vom Aufstieg am Tank besitzen an ihrer Oberseite einen anderen Farbton als an ihrer Unterseite. Um dies möglichst einfach hinzubekommen, wird der zusammengebaute Aufstieg über einen Pinselstiel geschoben und der Airbrush beim Spritzen schräg entlang der Leiterrückseite geführt. Der ausreichend feine Sprühstrahl trifft so nur auf die Oberseite der Sprossen und verleiht diesen einen metallischen Glanz. Von der Gegenseite kann mit dieser Vorgehensweise der Schatten an der Sprossenunterseite verstärkt werden.

Für solch kleine, detaillierte Baugruppen wird ein recht präzises Spritzbild gebraucht. So sollen auch die Laufroste des Umlaufs in ihrer Mitte, also dort, wo das Metall beim Vorbild durch das Begehen recht blank bleibt, einen metallischen Glanz bekommen. Je dünner die Linien sind, die sich mit dem Airbrush spritzen lassen, desto leichter wird es fallen, solche Effekte herauszuarbeiten. Die entsprechende Eignung/Verdünnung der verwendeten Farben muss dafür natürlich gegeben sein.

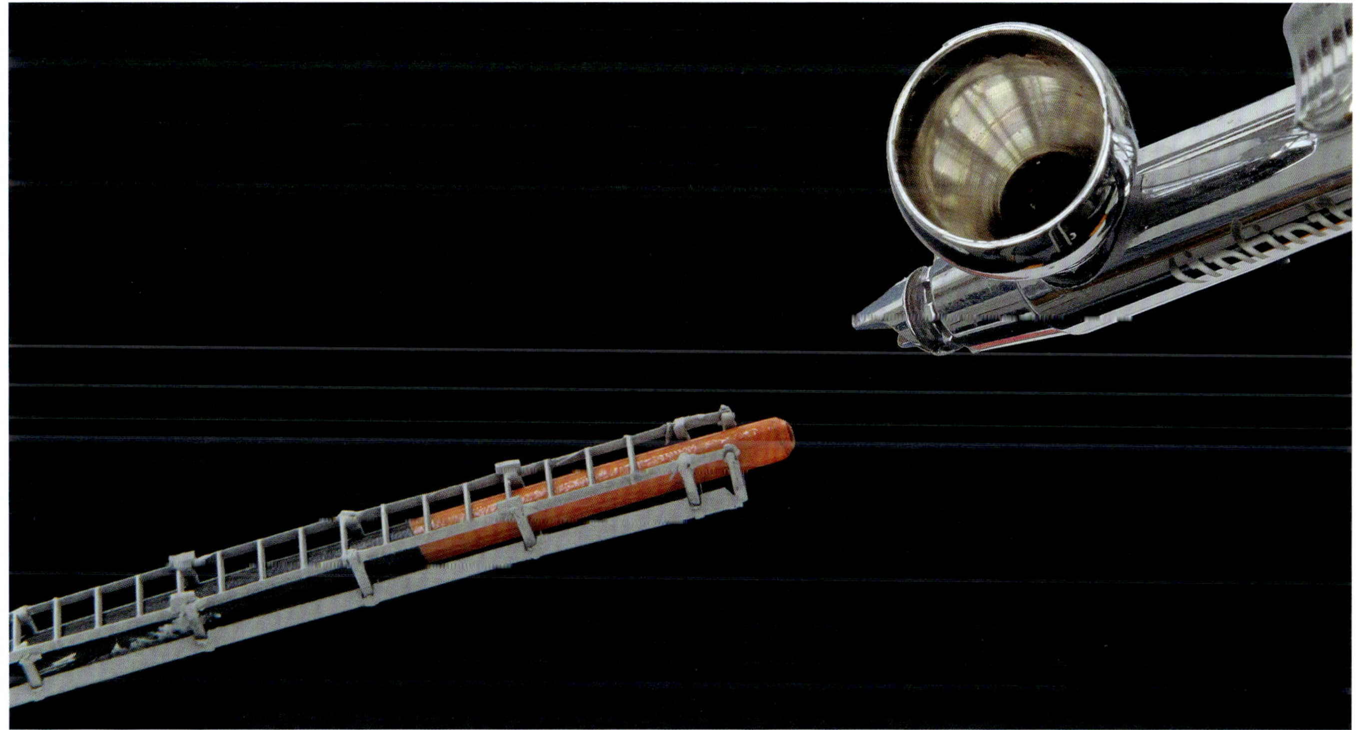

2.11-10 Wer Freude an Rostdarstellungen hat, schaut an dieser Tankseite auf ein schönes Vorbild. Die Gegenseite vom Aufstieg ist von lang herunterlaufenden Rostspuren gezeichnet. Auch auf den dort vorgesetzten Rohrleitungen sind Rost- und Verwitterungsspuren zu sehen, die jedoch anders ausgeprägt sind als auf der Tankwandung. Alle Rostspuren verlaufen von oben nach unten und geben die Arbeitsrichtung auf dem Modell vor. Ausgangspunkte auf dem Modell sind erste, gut deckend aufgetragene Rostflecken.

2.11-11 Auch für die Rostdarstellung gibt es spezielle Produktangebote. Wichtig ist, dass beim Washing die Grundfarben des Modelltanks nicht mit angelöst werden können. Gänzlich unterschiedliche Sorten bei den Modellbaufarben, also wasserverdünnbare Acrylfarben auf der einen, terpentinverdünnbare Öl- resp. Enamelfarben auf der anderen Seite, können dies gewährleisten. Tubenfarben empfehlen sich für die Ausgangspunkte der »RUST STREAKS«. Wenn zum Arbeiten mit verschiedenen Farbsorten übereinander noch Erfahrungswerte fehlen, sind auch hier Vorversuche auf passendem Untergrund angeraten.

2.11-12 Wiederholt aufgetragene und wieder angelöste Washings mit Ölfarben bilden hier die Rostspuren. Stark verdünnte Künstlerölfarben oder die schon fertig angebotenen Öl-Washings für den Modellbau (auch sogenannte enamel colors auf der gleichen Basis) werden mit dem Pinsel aufgetragen und können die darunterliegenden, gespritzten Farbschichten (Acryl) nicht anlösen. Die Beständigkeit der Grundfarben gegenüber Terpentin erlaubt so auch ein ausgedehntes Verwaschen der Ölfarben mit Terpentin. Zwischen den mehrfach aufeinander wiederholten Washings liegen kurze Trocknungsphasen.

Nachdem alle Farbaufträge auf dem Tank abgeschlossen sind, kann dieser mit dem ebenfalls fertiggestellten Sockel verklebt werden. Ein schmales, moosgrünes Washing in Teilen des Spalts zwischen dem Tank und dem Sockel bildet hier den Abschluss.

2.11-13 Der fertige Tank: Das Rohrleitungssystem bekommt seine Farbigkeit analog zum Tank. Zum Schluss wird das Rohrsystem mit seinen Dehnungsbögen und dem Absperrventil montiert. Auch das Rohrleitungssystem erhält seine Farben und Washings nach dem Zusammensetzen, aber vor (!) der Montage am Tank, denn nur so lässt es sich von allen Seiten leicht bearbeiten. Die Vorgehensweise an sich gleicht dabei dem Vorgehen auf der Tankoberfläche.

KAPITEL 3
Umgebung

Der Bahnhof ist auf vielen Modellbahnanlagen der klassische Mittelpunkt. Als schöner Einstieg in das Thema »Umgebung« kann ein Foto dienen, das einen Ausschnitt des Bahnhofs Buchenhüll im Altmühltal (gebaut von Richard Köstler) zeigt. Eine stimmige Gleisanlage und Gebäude nebst technischen Einrichtungen, die »richtig« aussehen, sind in den vorangegangenen Kapiteln entstanden: Nun gilt es, das »Gelände« zwischen den Gleisen und den Bauwerken überzeugend zu gestalten. Dies beginnt mit den befestigten Flächen an Bahnhöfen und Betriebsanlagen – wie Bahnsteigen und Ladestraßen – und geht mit dem Straßenbau weiter. Asphalt, Beton und (Kopf-)Steinpflaster prägen die befestigten Flächen, aber auch Sandwege und Sandflächen spielen, je nach Gegebenheiten vor Ort, eine wichtige Rolle. Straßen und Wege stellen die verbindenden Elemente dar, meist bevor beim Gestalten der Umwelt das Nachbilden der Vegetation und, gegebenenfalls vorher noch, die Darstellung von Wasser folgt. Als Abschluss kommt das Aufstellen von Fahrzeugen aller Art nebst Figuren und damit das Beleben des Bahnumfelds an die Reihe.

Bunte Vielfalt und grauer Alltag – Straßenpflaster und Asphalt

3.1-01 Zuerst waren meist nur Sandwege und besandete Plätze vorhanden, bevor mit zunehmender Nutzung in bestimmten Bereichen ein belastbarer Straßenbelag notwendig wurde. In ländlichen Gegenden boten sich oft Feldsteine an, um eine erste Straßenbefestigung (Findlingswildpflaster) zu bewerkstelligen. Aus Sicht des Modellbauers ist die Darstellung solcher Gegebenheiten eine besondere Herausforderung, wenn ein überzeugendes Resultat geschaffen werden soll. Anders als beim späteren Kopfsteinpflaster, Asphalt und Beton kann und sollte hierfür nicht auf vorgefertigte Elemente zurückgegriffen werden. Vielmehr gilt es, eine vorbildgerechte Aufschüttung in den im Vorbild vorhandenen Sand einzuarbeiten (das Thema »Sand« findet im Kapitel »Zurück zum Anfang – Erdarbeiten und Sandaufschüttungen« ab Seite 151 eine Fortsetzung; das hier gezeigte FREMO-Modul des Bahnhofs Grenzheim gehört Thorsten Meyer und wurde von Peter Sommerfeld gebaut).

3.1-02 Ausschauhalten nach entsprechenden Vorbildern liefert die zuverlässigsten Anhaltspunkte für den Modellbau. Selbst die Farbe der Holzbohle, die dem Überfahren des Gleises dient, lässt sich hier neben den Steinfarben und den farblichen Nuancen im und auf dem Sand studieren. Gut zu sehen ist auch, wie die Steine im Sand verschwinden und wie sich kleine Grasbüschel vor und auf der Holzbohle angesiedelt haben.

3.1-03 Wie unterschiedlich Steinpflaster aussehen kann, zeigt sich schön an diesem Bahnübergang. Die Farbgebung wird auch beim Modellstraßenbau immer ein zentraler Punkt sein. Wie im Einzelnen vorzugehen ist, hängt natürlich vom jeweiligen Basismaterial ab. Straßenbeläge können im Modell mit verschiedensten Materialien und mit großen Qualitätsunterschieden dargestellt werden. Es kann auf bereits vorgefertigte Straßen der einschlägigen Anbieter zurückgegriffen werden oder es entstehen gänzlich individuell gestaltete Straßenpflaster. Fotodrucke ohne jegliche Oberflächenprofilierung scheiden für den ernsthaften Modellbahner/Modellbauer wohl eher aus. Die Bandbreite reicht also von der Verwendung strukturierter »Meterware« bis zum »komplett Selbermachen«.

Für das »komplett Selbermachen« von Steinpflaster auf Styrodurbasis resp. das Prägen von Depafit-Platten kommen selbstgefertigte Prägestempel aus Pinselzwingen in Frage. Die am Stiel belassenen, haarlosen Pinselzwingen alter Künstlerpinsel werden dafür in die Form verschiedener Pflastersteine gebogen. Diese Methode, die Emmanuel Nouaillier ausführlich beschrieben hat, eignet sich gut für kleinere Flächen, erweist sich bei längeren Straßenabschnitten oder größeren Plätzen aber als sehr zeitaufwendig. Prägerollen und Stempel für Styrodurplatten (Austro-Modells) sollen hier eine Alternative bieten, zeichnen aber ein »weicheres« Straßenbild und geben Straßenbreite und Radien vor. Gänzlich starr, aber hinsichtlich Straßenbreite und Radien einiges an Variationsmöglichkeiten bietend, sind Gipsstraßen, die mit Hilfe von Silikonformen selbst gegossen werden (Spörle). Durch einen zum Straßenbausatz gehörenden Unterbau, der für die am Vorbild orientierte Wölbung der Straße sorgt, bekommen Lasercut-Straßen (MKB) eine hohe Festigkeit. In die Kategorie »Meterware« gehören schließlich flexible, selbstklebende 3D-Strukturfolien und Straßenbänder. Um zu wirklich überzeugenden Straßendarstellungen zu gelangen, ist meist ein Überarbeiten all dieser Modellstraßen, nicht nur mit Farben, unumgänglich. Beginnend mit den Gipsstraßen, haben wir es mit Stößen zwischen den einzelnen Straßenelementen zu tun, die es zu kaschieren gilt. Dies ist besonders herausfordernd, wenn Straßenteile über die ganze Breite stumpf aufeinanderstoßen. Die Frage, wie das Kaschieren geschehen kann, mit welchen Farbsorten die jeweilige Farbgebung anschließend ausgeführt werden sollte und ob eine Grundierung notwendig ist, wird also abhängig von den einzelnen Basismaterialien recht unterschiedlich zu beantworten sein. Im Einzelfall erfordert es (viel) Zeit und Geduld.

3.1-04 Gute Fotos von der Straße, die ich nachbilden möchte, sind hilfreich. Mit der Frage, welche Art von Straße ich in welchem Zustand nachahmen möchte, beginnt der Entscheidungsprozess zugunsten bestimmten Baumaterials. Mit welcher Vorgehensweise lässt sich das gewünschte Aussehen erreichen? Welche spezifischen Anforderungen stellen der Untergrund und die Topografie der Modellbahn, auf der die Straße verlegt werden soll? Wie und wo soll sie da verlaufen? Gibt es Steigungen? Mit wie viel Arbeitsaufwand möchte ich mich dem gewünschten Erscheinungsbild annähern? Wie sollen die Steine aussehen, wie groß sind die Fugen und wie sehen diese aus?

3.1-05 Form und Anordnung solcher Pflastersteine gibt ein lasergeschnittener und -gravierter Karton wieder. Die Möglichkeiten für eine farbliche Bearbeitung sind von den Architekturmodellen her bekannt: Die einzelnen Abschnitte dieser Pflasterstraße (MKB) lassen sich von der Vorgehensweise her wie Ziegelwände gestalten. Im Vergleich zum gewählten Vorbild zeigen sich die Fugen als zu hell, sodass die Farbgebung mit ihnen beginnt. Natürlich können, wie bei den Hauswänden, je nach Vorbild vorab einzelne Steine noch farblich variiert werden …

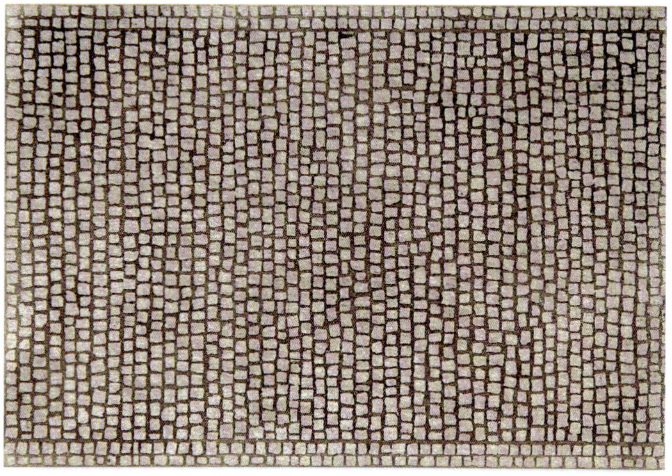

3.1-06 Ein Pigment-Washing sorgt für dunkle Fugen. Auf einem Probestück lässt sich vorab leicht herausfinden, ob die geplanten Arbeitsschritte zum gewünschten Ergebnis führen können. Der Kontrast, den dunkelbraunes Pigment (*Artitec*) schafft, ist erst einmal zu stark. Da die Steine aber ihre bräunliche Grundfarbe zugunsten eines helleren Grautons weitgehend verlieren sollen, ist so eine brauchbare Grundlage geschaffen. Mit dem Airbrush und mit bei möglichst geringem Druck gesprühtem Mattlack gelingt das erste Fixieren des Pigment-Washings.

3.1-07 Mit dem Airbrush erfolgt die flächige Aufhellung. Beim Aufhellen mit einem helleren Farbton verschiebt sich die darunterliegende Farbe meist nicht nur ins Hellere, sondern auch ins Bläuliche beziehungsweise, je nach Grundfarbe, ins Grünliche. Wird diesem Umstand bei der Arbeitsplanung Rechnung getragen, lässt sich der gewünschte Farbeindruck recht zielsicher erreichen.

Das Probestück lag während des Aufhellens auf einem weißen Papierbogen. Damit ist ein rötlicher Farbton, mit dem das zum Aufhellen benutzte Weiß abgetönt wurde, zu erkennen, auch wenn die Wiedergabe durch den Druckprozess hier verfälscht sein kann. Bei einem solchen Vorgehen mit dem Airbrush lassen sich die entstehenden Farbtöne gut vorbereiten, indem mit den jeweiligen Komplementärfarben gearbeitet und so ein ungewollter Farbstich ausgeschlossen wird.

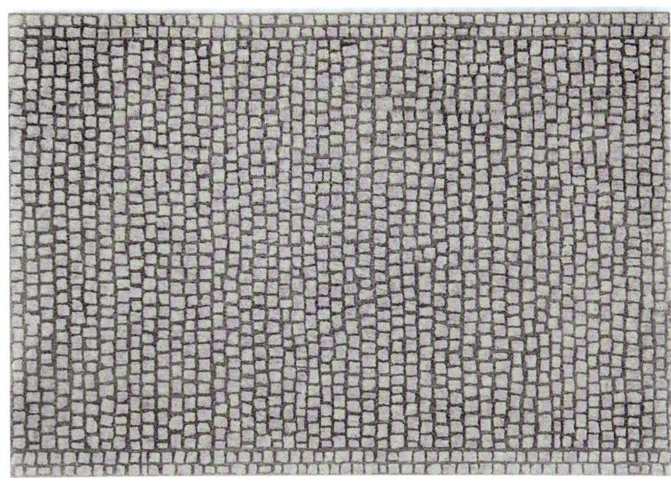

3.1-08 Das Probestück zeigt nach dem Aufhellen den gewünschten Farbeindruck. Auch ist vom Pigment-Washing immer noch etwas Fleckiges in der Farbgebung und der Helligkeit zu sehen. Unregelmäßiges Überspritzen mit dem Airbrush kann diesen realistischen Eindruck je nach gewähltem Vorbild wieder verstärken.

3.1-09 Zum Bausatz für diese Straße gehört ein gewölbter Unterbau mit lasergeschnittenen Teilen aus Finnpappe. Das farbliche Überarbeiten der Straße sollte immer als Ganzes, also nach dem Aufbau am endgültigen Platz, erfolgen. Nur so lassen sich Brüche in der Farbgebung zwischen den einzelnen Segmenten des lasergravierten Oberbaus vermeiden. Auch die später zu kaschierenden Stoßkanten und andere Veränderungen werden bei dieser Vorgehensweise gleich mit in die gesamte farbliche Überarbeitung einbezogen.

3.1-10 In der Aufsicht sind die Stoßkanten nach dem Bau der Straße schnell zu sehen. Diese gilt es nun, beispielsweise mit Holzreparaturspachtel, optisch verschwinden zu lassen. Reparaturspachtelmassen, die sich vor dem Verarbeiten an der Stoßkante entsprechend ihrer Basis mit Acryl- oder Ölfarben aus dem Modellbau abtönen lassen (unterrühren), können dabei hilfreich sein. Wenn der Farbton der getrockneten (!) Spachtelmasse möglichst der gleiche ist wie die Eigenfarbe des Baumaterials, verbessert dies die Erfolgsaussichten. Vorversuche sind auch in diesem Zusammenhang empfehlenswert.

3.1-11 Das Straßenumfeld wird vor Beginn der Farbaufträge abgedeckt. Damit gelangen Pigmente und Farben nicht in die Umgebung. Die mit dem Airbrush gespritzen Farben sind wie das Pigment-Washing leicht unregelmäßig aufgebracht, wodurch sich der realistische Eindruck einer einfachen Pflasterstraße verstärkt. Dass die Farbaufträge dafür eher lasierend als deckend angemischt und gespritzt wurden, zeigt die auf dem Kreppband gelandete Farbe.

3.1-12 Diese Fotovorlage lässt die Unregelmäßigkeiten im Gesamteindruck eines großen Vorbilds gut erkennen. Lediglich Moos und Gräser sind noch nicht für die Modellstraße dargestellt – dies geschieht, nachdem die Straße seitlich mit Erdboden eingefasst ist (s. Seite 150 ff). Weitere Arbeiten in der Umgebung erledigt sind und dann die Vegetation, also die »Begrünung«, an die Reihe kommt.

3.1-13 Eine Impression von der fertigen Lasercut-Straße zeigt dieser Schnappschuss. Aus einer erhöhten »Preiserlein«-Perspektive betrachtet, sieht das Pflaster, nach dem Anschütten des Erdreichs, schon recht überzeugend aus. Moos und Gräser werden alles noch verfeinern.

3.1-14 Eine gänzlich andere Art des Straßenpflasters im Modellbau bilden kleine Keramiksteine. Mit diesen lässt sich ein Pflaster, wie das am Bahnübergang rechtsseitige (Foto 3.1-03), leicht nachbilden. Unter dem Namen FLEXIWAY (*Juweela*) angeboten, bieten diese Keramiksteine vielfältige Möglichkeiten, maßgeschneiderte Straßen und Plätze zu schaffen. Verfugt werden die Pflastersteine, die auf einem Trägermaterial kleben, nach dem Verlegen mit einem dafür im gleichen Sortiment angebotenen Spezialfugenmaterial. Die intensivere Beschäftigung mit einem Probestück sei auch hier allen empfohlen, die dieses Material verwenden wollen und mit ihm noch nicht umfassend vertraut sind.

3.1-15 Auf den ersten Blick scheint das Sortiment aus einer Vielzahl der üblichen Straßenteile zu bestehen. Schon mit dem Beipackzettel gibt es aber einen ersten Hinweis, dass mit dem Einschneiden des Trägermaterials entlang der geradlinigen Fugen neue oder größere Radien entstehen können. Es bedarf dafür nur eines scharfen (!) Grafikermessers mit kleiner, dünner Wechselklinge. Entlang der geraden Fuge bis ganz ans Ende durchgetrennt, lassen sich die vorgegebenen Pflastersegmente also auch verkleinern resp. verkürzen. Auf einem einzelnen Straßensegment (29,0 cm x 6,2 cm) befinden sich laut Herstellerangaben 4450 einzelne Steine, sodass die gewünschten Maße, zumindest entlang der geradlinigen Fugen, eigentlich immer ohne einschneidende Zugeständnisse realisierbar sein sollten. Was ist an den Seiten, an denen die Steine zueinander versetzt liegen, möglich?

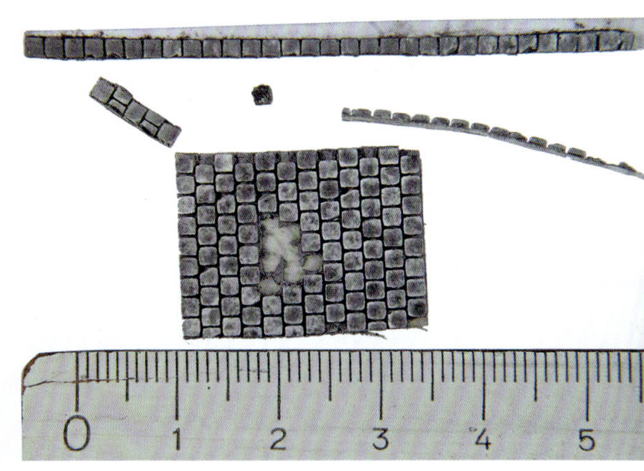

3.1-16 Einzelne, auf einem Trägermaterial haftende und noch nicht verfugte Keramikpflastersteine bilden das Ausgangsmaterial. Die Pflastersteine lassen sich in diesem Stadium vorsichtig vom Träger abnehmen, wodurch Schlaglöcher oder Einlässe für Gullydeckel entstehen können. Ebenso wichtig: Es stehen einzelne Steine zur Verfügung, die an anderer Stelle wieder angeklebt werden können. Mit dieser Möglichkeit des Umsetzens von Pflastersteinen ist also auch ein nahtloses Kürzen oder Verlängern an den Seiten möglich, an denen sich gegeneinander versetzte Steine befinden. Da sich dies jedoch, je nach Seitenlänge, als recht aufwendig erweist, habe ich erfolgreich versucht, die entsprechende Seite mit besagtem, sehr (!) scharfem Messer an einem Metalllineal entlang vorsichtig zu schneiden. Zwar bleibt die Klinge nicht allzu lange scharf, muss also in kurzen Intervallen erneuert werden, aber selbst das Herstellen sehr schmaler Steinstreifen ist so möglich.

3.1-17 Der Zugang zur Kaianlage ist lose gepflastert. Entlang des oberen Kaimauerabschlusses zeigt sich, dass es dem dort weiterführenden Straßensegment an Breite fehlt. Dies ist eine solche Stelle, an der überlegt werden kann, ob es sinnvoll ist, die Lücke mit einzelnen Pflastersteinen oder einem schmalen Steinstreifen aufzufüllen.

Bevor es danach mit dem Verfugen des verlegten Pflasters weitergehen kann, stehen zwei Fragen an: Welche Farbe soll das Pflaster am Ende haben und wo sollen die Kanaldeckel plus Straßenabläufe/Einlaufgitter eingelassen werden? Beides gilt es gesondert und im Folgenden noch zu klären. An der Kante zum noch nicht aufgeschütteten Erdreich sind die unter dem Pflaster liegenden *Plastic sheet*-Platten gut zu sehen (*Evergreen*/in ganz unterschiedlichen Stärken erhältlich). Sie sorgen dafür, dass der Straßenbelag auf die gewünschte Höhe kommt. Da das Trägermaterial der Pflastersegmente flexibel ist, ist damit zudem eine Wölbung der Fahrwege möglich und auch der Anstieg zum Bahnübergang gelingt mit Hilfe zusätzlicher Plattenstücke knickfrei.

3.1-18 Das Straßenpflaster und die Oberkante der Kaimauer wurden nivelliert. Dafür wurden die oben auf der Kaimauer als Abschluss dienenden Platten aufgedoppelt. Dies ist hier insofern interessant, als dass dafür einfache, ungefärbte Finnpappe als Baumaterial zum Einsatz kam. Die (laser-)gravierten Platten erhielten ihre Farbgebung einzeln, indem sie eine nach der anderen mit dem Airbrush und einem transparenten Grafitton frei eingefärbt wurden. Der Spritzabstand war dabei sehr gering, kurz auftretende Nassstellen verstärkten die Zeichnung auf den Platten. Die Fugen zwischen den Platten wurden anschließend in gleicher Art nachgezogen, wobei auch Pigment diese Aufgabe zum Abschluss erfüllen kann.

3.1-19 Die Farbe der kleinen Keramikpflastersteine lässt sich verändern. Spätestens bei der intensiveren Beschäftigung mit den Farbnuancen von Pflastersteinen fällt auf, dass diese beim großen Vorbild sehr unterschiedlich sein können. Dies zeigt sich schon bei den eingangs gezeigten Beispielen diverser Pflasterarten und lässt sich auf den folgenden Fotos zum Thema »Gullydeckel« weiter verfolgen.

Die noch nicht verfugten Pflastersteine (links im Bild) erhielten hier mit dem Airbrush eine farbige Grundierung (*Mig* Desert Sand Primer), über der mit Weiß und Sienna gesprenkelt wurde. Sollten dabei deutlich glänzende Farbpartien entstehen, wird mit mattem Klarlack übersprützt (mittig und rechts im Bild). Beim Einbetten der verlegten Steine mit dem herstellerseitig gelieferten Fugenmaterial verändert sich der Farbeindruck, da er an Brillanz verliert. Dies bedeutet, dass das Einfärben der Keramikpflastersteine stets etwas stärker als das angestrebte Endergebnis ausfallen sollte. Auch dafür seien also Vorversuche wie diese hier auf einem Probestück empfohlen. Andersfarbiges Fugenmaterial, das unter anderem durch die Zugabe geeigneter Pigmente entsteht, kann ein weiterer Teil dieser Vorversuche sein. Sehr farbstarke Pigmente im Verfugungsmaterial führen dazu, dass auch die Keramikpflastersteine ihre Farbwirkung verändern (rechts im Bild).

3.1-20 Gusseiserne Einlaufgitter ermöglichen das Ablaufen von Regenwasser. Diese auch als Straßenablauf bezeichneten Gussteile sind in ihrer spezifischen Farbgebung allgegenwärtig. An und auf ihnen bleibt so manches hängen, was das Oberflächenwasser dorthin geschwemmt hat, und auch das Nachbilden solcher Stillleben kann für den ambitionierten Modellbahner/-bauer natürlich reizvoll sein.

3.1-21 Ein vertrauter Anblick sind zudem die Kanaldeckel auf der Straße. Abwechselnd als Kanaldeckel, Gullydeckel oder Schachtdeckel (Schweiz und Schwaben: Dolendeckel) benannt, unterscheiden sie sich neben ihrer oberflächlichen Ausgestaltung hauptsächlich in der Art ihrer Einfassung im Straßenbelag. In Pflasterstraßen kann das laufende Pflaster einfach bis an ihren Gussrand herangeführt sein, oder es wurde ein Steinkreis um sie herum gesetzt. Welcher gestalterische Aufwand im Zusammenhang mit Gullydeckeln betrieben wird, hängt natürlich in erster Linie von den individuellen Anforderungen an den jeweiligen Straßenbelag und die baulichen Gegebenheiten drumherum ab.

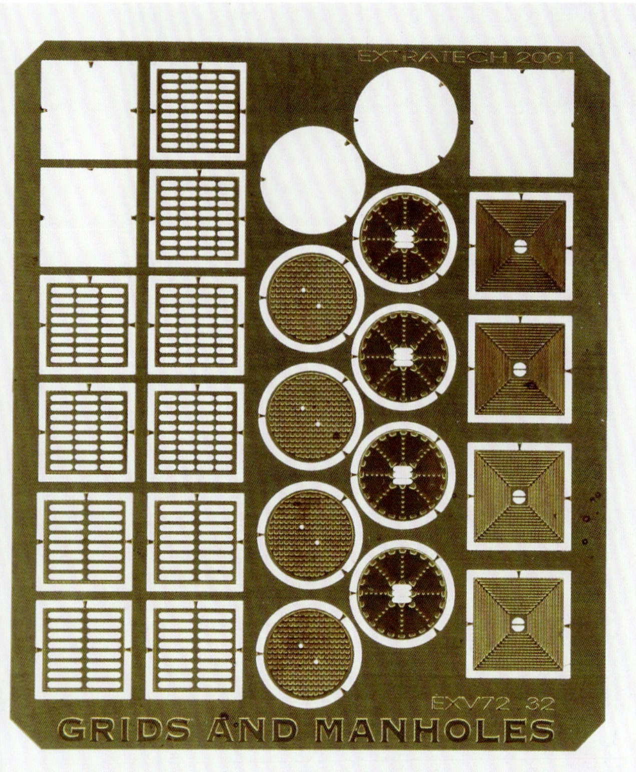

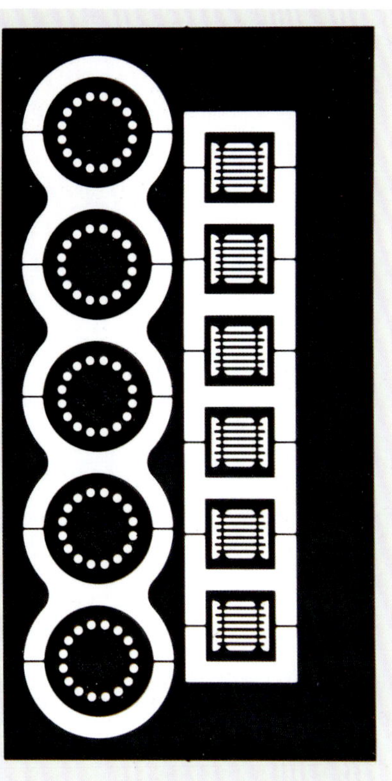

3.1-22 Vorbildgerechte Kanaldeckelmodelle gibt es als Ätzteile im Fachhandel. Egal, ob metallisch glänzend (EXTRATECH) oder dunkel anthrazit und (seiden)matt (FALLER) – für eine realistische Farbgebung gilt es, die Teile zu bearbeiten, um das Aussehen der Vorbilder zu erreichen. Um die feinen Ätzgravuren nicht einzubüßen, sind auch hier wieder die dünnen Farbaufträge eines Airbrushs gefragt. Sowohl bei der Grundierung wie auch bei den Farben und Washings kann auf die bekannten Produkte zurückgegriffen werden. Die Ätzteile in ihrem Rahmen zu belassen, bis die Farbgebung abgeschlossen ist, erleichtert das Halten während des Überarbeitens.

3.1-23 Washings mit Ölfarben sorgen für ein Preshading. Der Begriff »Preshading« ist ein weiterer, aus dem Englischen übernommener Begriff, der sich im Modellbau eingebürgert hat und nichts anderes als Vorschattierung heißt. Ein solches Vorschattieren, das noch nicht mit dem Airbrush weiter überarbeitet wurde, ist auf dem transparent grundierten Messingätzteil zu sehen. Durch das anschließende Überspritzen mit einem halbdeckenden Farbton lässt sich der gewünschte Farbton erreichen und die Plastizität der Kanaldeckel in der angestrebten Weise betonen.

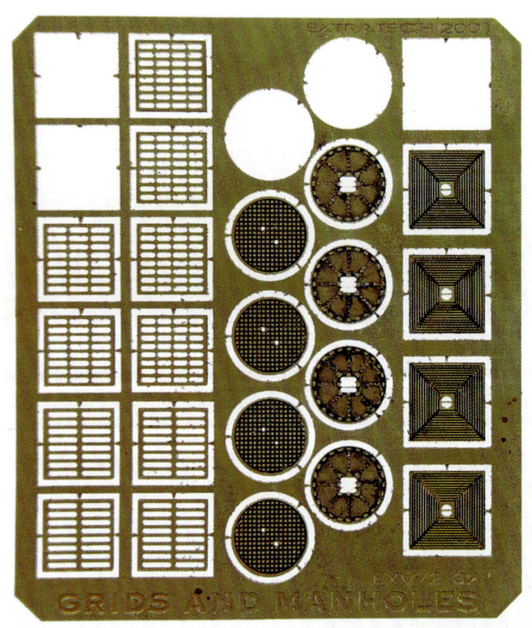

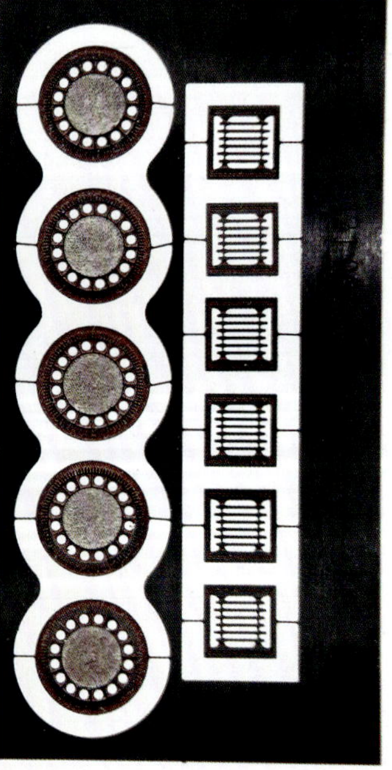

Bei Bauteilen, die eine dunkle Eigenfarbe haben, geht das Ganze einfach in die andere Richtung, indem für die Kanaldeckel ein rostfarbenes Washing zum Einsatz kommt. Der dunkle Grundton lässt sich gegebenenfalls anschließend durch das Überspritzen mit einem halbdeckenden Farbton noch etwas aufhellen oder abtönen. Die Zementeinlage in der Mitte der Kanaldeckel entsteht danach durch ein helles Washing. Zum Schluss heißt es, möglichen Glanz auf Rost und Zement mit klarem Mattlack zu reduzieren.

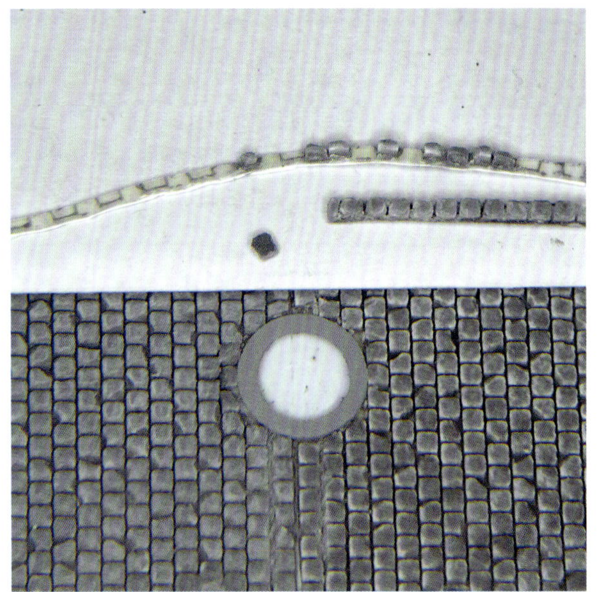

3.1-24 Die Pflastersteine werden dort, wo es Einlaufgitter und Gullydeckel geben soll, aufgenommen. Mit dem Bastelmesser lässt sich dies leicht bewerkstelligen. Um einen vorbildgerechten Eindruck zu vermitteln, dürfen die Einlaufgitter und Gullydeckel natürlich dort, wo sich die Durchlässe befinden, nicht direkt aufliegen. Da die Steine hier deutlich höher ausfallen als die geätzten Gullydeckel, lassen sich die Deckel mit selbstgefertigten »Betonringen« unterfüttern. Dafür wurde auch das verbliebene Trägermaterial für die Steine an dieser Stelle wieder abgezogen. Lücken am Rand des Kunststoffrings werden nach dem Einsetzen des Rings mit kleineren Steinen aufgefüllt. Um sie gut sichtbar parat zu haben, liegen die Steinchen auf einem weißen Blatt Papier bereit.

3.1-25 Das Innere des Kanalschachts muss natürlich tiefschwarz sein. Damit die schwarze Farbe beim Spritzen mit dem Airbrush wirklich nur innerhalb des Schachtrings ankommt, lässt sich eine Zeichenschablone aus Kunststoff als Maske verwenden. Diese wird nach dem Überspritzen einfach mit einem unproblematischen Reinigungsmittel wieder sauber gewischt.

Für die gusseisernen Einlaufgitter entsteht die Maske einfach mit Maskierband. Da die Stege dieser Ätzteile maßstabsgerecht sehr schmal ausfallen, bekommen die Einlaufgitter keine Schachteinfassung zwischen den Pflastersteinen. Anstelle dessen sind sie an einer von oben nicht einsehbaren Stelle direkt unterfüttert und werden nach dem Spritzen der Schachtfarbe eingeklebt.

3.1-26 Wie sich nach Fertigstellung der gepflasterten Fläche zeigt, gelingt die Illusion von Tiefe unter den Gullydeckeln. Anschließend an das Verfüllen des Pflasters mit Bettungsmaterial und dem seitlichen Aufschütten mit Erdreich kann der Gullydeckel eingesetzt und das Einlaufgitter von der benötigten Abdeckung (damit nach dem vorangegangenen Einkleben nichts hineinfällt) befreit werden.

Der Poller (*Artirtec*) oben auf der Kaimauer hat sowohl seinen Rostton als auch seine dunkleren Schattentöne und seine Aufhellung mit dem Airbrush erhalten. Solch präzise Spritzarbeiten mit geringstem Spritzabstand gelingen nur mit einem hochwertigen Airbrush in einwandfreiem Zustand. Zum Festhalten während des Einfärbens bleiben die Resinpoller am besten noch am Gussblock.

3.1-27 Damit beim Fertigstellen der Straße nichts im Einlaufgitter neben dem Pförtnerhaus landet, ist auch dieses mit Maskierband zugeklebt. In gleicher Weise wurde bei den vorangegangenen Arbeitsschritten entlang der Kaimauer verfahren. Sowohl beim Verfüllen des Pflasters als auch beim seitlichen Aufschütten des Straßenrandes mit Erdreich (s. Kap. 3.4) ist sonst die Gefahr groß, dass schnell etwas in die angedeuteten Schächte gelangt und den gewünschten Anschein von Tiefe verhindert. Aber Vorsicht: Da die Stege der Einlaufgitter im Modell maßstabsgerecht sehr schmal ausfallen, sind sie entsprechend empfindlich! Deshalb sollte nur schwach klebendes Maskierband verwendet und dies sehr behutsam angedrückt und abgezogen werden.

3.1-28 Gerade auf älterem Bahngelände sind auch in der zweiten Hälfte des 20. Jahrhunderts vielerorts noch Kopfsteinpflaster anzutreffen. Eine solche erste Pflasterung bietet eine hohe Tragkraft bei gleichzeitig geringem Verschleiß der Straßendecke und wenig Staubentwicklung. Mit Zunahme des Kraftverkehrs in den 1920er-Jahren wurden aber stoßfreiere Oberflächen, die ein geräuschärmeres Befahren – auch mit höherer Geschwindigkeit – ermöglichten, bedeutsam. Die gepflasterten Straßen verschwanden also oft Stück für Stück unter den neu entwickelten Asphaltdecken. Es entstanden, wie hier in der Bahnhofstraße, Teerstraßen. Damit war auch das Fahrradfahren angenehmer, während auf den letzten Metern Kopfsteinpflaster das Fahrrad lieber geschoben wurde (Bahnhof Buchenhüll im Altmühltal, gebaut von Richard Köstler).

3.1-29 Der Teleblick aus 87 Meter Entfernung zeigt, wie ein recht neuer Asphaltstraßenbelag im Original farblich maßstabsgerecht aussehen kann. Der schwarz/weiße Leitpfosten belegt eine stimmige Belichtung des Fotos. Der zuerst meist als (tief-)schwarz wahrgenommene Asphalt (Teer) verwandelt sich durch das Hinzukommen von Sand, Splitt und weiteren Stoffen schlussendlich in eine anthrazitfarbene Straßendecke.

3.1-30 Zur Darstellung von Asphaltstraßen werden im Modellbau spezielle Produkte angeboten. Als erstes fällt auf, dass alles, was hier stellvertretend ausprobiert wird, im unverarbeiteten Zustand ein mehr oder minder tiefschwarzes Aussehen hat. Von links nach rechts ist dies auf dem Foto: »Asphalt Top Coat« von *Woodland Scenics*, »TERRAFORM Asphalt« von *AMMO*, »ACRYLIC ASPHALT« von *AMMO by Mig* und »TERRAINS ASPHALT ACRYLIC« von *AK*. Lediglich beim »Asphalt Top Coat« fehlt die Bindemittelbezeichnung, die anderen werden als Acrylics benannt. Allen gemeinsam ist, dass sich die Werkzeuge nach Gebrauch mit Wasser reinigen lassen.

3.1-31 Anhand von Musteraufstrichen sollen sich die Unterschiede zwischen den Produkten zeigen. Die Auswahl der Teststücke dafür richtet sich natürlich nach der Art der Straße, die es darzustellen gilt. Bei diesem Anwendungsbeispiel soll angelehnt an das historische Vorbild beim Straßenbau vorgegangen werden, die Asphaltdecke wird also eine gepflasterte Straße abdecken. Zudem geben Schäden im Straßenbelag den Blick auf die ursprüngliche Straße frei. Die Testplatten für die Musteraufstriche bestehen deshalb aus 7,5 cm hohen, lasergravierten Kartonstücken mit Pflasterdarstellung im Maßstab H0 (vgl. Foto 3.1-05 ff.).

Deutliche Unterschiede zwischen den einzelnen Materialien zur Asphaltdarstellung treten schon beim Öffnen der unterschiedlichen Behältnisse zutage. *Woodland Scenics* »Asphalt Top Coat« besitzt eine dünnflüssige Farbkonsistenz, zum Auftragen empfiehlt der Hersteller einen Schwammpinsel. Das lasergravierte Pflaster wird schwarz, ohne dass die Gravur spürbar an Tiefe verliert. Zum Einebnen des Pflasters gilt es somit, weitere Materialien heranzuziehen. Eine gänzlich andere, sähmige, nahezu pastose Zusammensetzung weisen die drei weiteren Produkte auf. Schon beim anfänglichen Umrühren fällt zudem auf, dass es knirscht. Die ersten Aufstriche fallen ähnlich aus wie bei sogenannten *Heavy Body Acrylics* aus Künstlerfarbsortimenten, denen ein Füllstoff beigemischt wurde – was im Übrigen durchaus eine sinnvolle Alternative sein kann. Die Pflasterstruktur verschwindet umgehend.

3.1-32 Aus der Nähe betrachtet wird schnell sichtbar, dass der Testaufstrich ziemlich massiv ausfällt. Die Überlegung, für welchen Modellbaumaßstab dieses Material konzipiert sein könnte, drängt sich somit auf, denn für alle gängigen Modellbahnmaßstäbe erscheinen die dickflüssigen Materialaufträge auch nach dem Trocknen erst einmal deutlich zu grob, wenn es um die Darstellung von Straßen geht. Der von *AMMO* gewählte Name »TERRAFORM« ist also Programm. Laut Herstellerangaben auf dem Behältnis enthält das Produkt »natural minerals«, soll gut aufgerührt direkt aus dem Kunststoffgefäß verwendet werden und ist wasserverdünnbar sowie mischbar mit Acrylfarben und Pigmenten.

3.1-33 Die Oberfläche einer Allee mit recht grobem Aspalt ist selbst aus wenigen Metern Entfernung gesehen deutlich feiner als das Aussehen der abdeckenden Testmuster. Die Grauwerte der sich abwechselnden Licht- und Schattenbereiche auf der Straße sind zudem allesamt heller als die Eigenfarben dieser Testmuster, die im Vergleich dazu erst einmal deutlich zu dunkel ausfallen. Beim Betrachten des vorliegenden Fotos, zusammen mit der Aufnahme 3.1-29, fällt darüber hinaus auf, dass die Eigenfarbe der Straße keineswegs ein Neutralgrau sein muss.

3.1-34 Die durchgetrockneten Testaufstriche lassen sich schleifen und werden dabei auch heller. Die ausprobierten Materialien verhalten sich beim Abschleifen unterschiedlich, bedingt durch verschiedene Härtegrade und andersartige Füllstoffe. Es heißt also zu schauen, welches Produkt für welche Modellform der Asphaltstraße einem selbst gerade am geeignetsten erscheint. Für den Bau der asphaltierten Pflasterstraße mit Straßenschäden fiel die Wahl hier auf »ACRYLIC ASPHALT« von *AMMO by Mig*.

3.1-35 Das Straßenumfeld wird vor Beginn des »Asphaltierens« mit Maskierband abgedeckt. Damit ist gewährleistet, dass weder der »ACRYLIC ASPHALT« noch der Schleifstaub, Pigment vom Pigment-Washing und später die Airbrushfarbe neben der Straße landet. Der Unterbau für die Modellstraße gleicht vom Aufbau her der Straße auf den Fotos 3.1-09 ff. Zu kaschierende Stoßkanten zwischen den Straßenteilen stellen kein Problem dar, denn sie verschwinden hier gleich gänzlich unter dem gewählten Asphaltmaterial. Dies ist einer der wichtigen Vorteile beim Modellstraßenbau mit diesen Materialien zur Asphaltdarstellung.

3.1-36 Ihre endgültige Farbgebung erhält die Straße wieder mit dem Airbrush. Um das Pigment-Washing, das die sichtbaren Pflastersteine hervorhebt, nicht fortzublasen, ist vorab ein Fixieren durch Übernebeln der Straßenschäden angeraten. Mit Übernebeln ist gemeint, dass ein Pigment-Fixer resp. ein geeigneter Klarlack aus dem Airbrush mit sehr wenig Druck nebelartig über die Pigmente in den Löchern der Asphaltdecke gesprüht wird. Anschließend lässt sich dann die Straße problemlos als Ganzes überspritzen, bis der gewünschte optische Eindruck schlussendlich erreicht ist.

Auf vielen Modellbahnanlagen fehlen die obligatorischen Pfützen. Natürlich dürfen es auch Schlaglöcher mit Wasser darin sein. Wie solche Pfützen oder Schlammlöcher, wie hier im Bankett der Landstraße, entstehen können, ist ab Seite 150 thematisiert.

3.1-37 Für den Unterbau der Asphalt-Straßendecke bieten sich selbstverständlich auch andere Modellbaumaterialien an. Dazu gehört die ganze Bandbreite der eingangs aufgezeigten Straßenbaumaterialien für den Modellbau nebst Gips und gipsartigen Stoffen. Die schon ausprobierte Farbe »Asphalt Top Coat« von *Woodland Scenics* gehört zu einem Straßenbauset, das letztgenannte Stoffe verwendet und mit dem sich auch Betonstraßen und -flächen gut nachbilden lassen. Es wird deshalb im Laufe des folgenden Kapitels näher vorgestellt.

Befahrbar – Beton, eine Industriebahn H0i und eine Werftslipanlage

3.2-01 Auf dem Werftgelände und den angrenzenden Kaianlagen verkehrt eine schmalspurige Industriebahn (BUSCH). Die Geschichte dahinter: Diese Werftbahn (Originalspurweite 600 mm, Modellspurweite 6,5 mm H0i) wurde ursprünglich für den Transport von Munition und Ausrüstungsgegenständen zu den Schiffen der Kriegsmarine im ersten Weltkrieg gebaut. Inzwischen dient die Bahn mit erneuerten Loks dem Binnentransport von Maschinen- und Schiffsbauteilen nebst Werkzeugen, Kohle und Schmierstoffen zwischen den regelspurigen Bahnanlagen und den einzelnen Betriebsteilen, zwischen den einzelnen Werkstätten und von diesen zu den im Werftbereich liegenden Schiffen. Auf den Kaianlagen und den Zuwegen innerhalb des Werftgeländes sind die Gleise dieser Bahn fahrbahnbündig zwischen Betonplatten verlegt, sodass die Fahrwege auch für andere Fahrzeuge zur Verfügung stehen.

3.2-02 Die H0i-Gleise sind das »Maß aller Dinge«. Im Anschluss an die Regelspurgleise auf gleichem Niveau verlegt, geben sie die Höhenmaße für alles Umliegende, beginnend mit den befahrbaren Flächen der Kaianlagen, vor. Bei einer Schwellenhöhe von 1,25 mm und einer Schienenkopfhöhe von 2,75 mm über der Auflagefläche besteht am Gleis genug Gestaltungsspielraum. Auch der Platz im Gleis reicht zum Abdecken des mittig im Gleis (BUSCH) liegenden, von den Schwellen gehaltenen Metallstreifens aus.

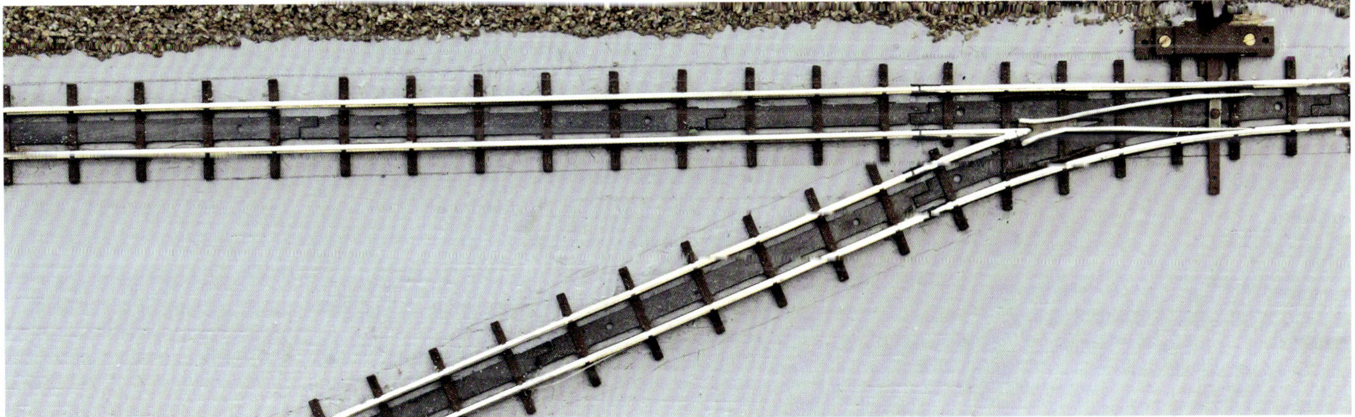

3.2-03 Mit 1,5 mm starker Finnpappe wird das Gleis seitlich eingefasst. Die Breite dieser lasergeschnittenen Streifen wird hier bestimmt durch den Abstand zwischen den Rillenschienen für den Kran einerseits, andererseits durch die Breite der Abgrenzungen zum Schotterbett des Regelspurgleises und zum Straßenpflaster. Nach dem Einfassen erhalten die Flanken der H0i-Gleise ihren Rostton mit dem Airbrush in der von den Regelspurgleisen her bekannten Art und Weise (s. Grafik 1.1-09 auf Seite 13). Die Rostfarbe, die dabei auf der Finnpappe landet, wird später nicht mehr zu sehen sein.

3.2-04 Auch die Eigenfarbe der Lückenfüller zwischen den Schwellen spielt später keine Rolle. Diese 0,5 mm starken Plättchen, von denen eines neben dem Gleis liegt, sollten aber möglichst dunkel sein. Sie werden gebraucht, um eine stabile Lage der zu verlegenden Betonplatten (als Kartonstreifen, die sich sonst auch wellen könnten) zwischen den Schienen zu gewährleisten. Die Plättchen liegen zwischen den Schwellen auf dem Metallband des BUSCH-Gleises.

3.2-05 Die Betonplatten lassen sich gut mit Kartonstreifen darstellen. Solche Platten haben im großen Vorbild eine Breite von rund einem Meter. Gravuren unterteilen die Kartonstreifen in die dem Maßstab H0 entsprechenden Plattenbreiten. Die Gravur, die die mit Teer verfüllten Dehnfugen (Raumfugen) darstellt, lässt sich mit einer Gravurnadel oder einem Laser herstellen. Da die Teerverfüllung stets Unregelmäßigkeiten aufweist, also nicht wie mit dem Lineal gezogen aussieht, sollte die Gravur schlussendlich nicht zu gleichmäßig sein. Bevor gradlinig ausgeführte Fugen aber mit einem Bleistift die gewünschte Unregelmäßigkeit, durch »Nachgravieren« der Kartonfugen, und dabei gleich eine dunkle Färbung erhalten, bekommen die Platten ihre Farbgebung.

Soweit der Karton in sich eine sichtbare Struktur hat, kann mit Trockenmalen, auch Granieren genannt, diese Materialstruktur betont werden, um das Raue einer älteren Betonoberfläche zu simulieren. Ein Pigment-Washing, das jede Platte einzeln erhält, ist als Nächstes an der Reihe, bevor die Platten, wiederum einzeln, mit einem halbdeckenden Betonton überspritzt werden.

3.2-06 Für das Überspritzen ist eine durchgängig verwendbare Maske angebracht. Vorgezeichnet auf einem einfachen Blatt Papier, das anschließend laminiert und geschnitten wird, entsteht eine Maske, die nach dem Überspritzen mit Acrylfarben zwischendurch leicht zu reinigen ist. Eine solche Maske lässt sich natürlich auch aus Plastic Sheet schneiden. Mit dem Überspritzen kommt Segment für Segment so zu seinem vorbildgerechten Betonplatten-Aussehen.

3.2-07 Sobald ein Kartonstreifen im Gleis verlegt ist, erfolgt gleich die notwendige Fahrprüfung. Eine fabrikneue Lok, out-of-box und somit noch nicht mit Gebrauchsspuren versehen, übernimmt diese Aufgabe. Sollte ein solcher Test nicht wie erwartet verlaufen, kann zügig korrigiert werden. Am Gleisende, von wo aus der Kartonstreifen eingepasst wird, fehlt noch der Prellbock, der später über der Betonabdeckung steht und verhindert, dass Wagen der Werftbahn aus Versehen ins Pförtnerhaus gedrückt werden (siehe Seite 30).

Eine Anmerkung soll hier noch dem an die Betonteile angrenzenden Steinpflaster gelten, das noch nicht verfüllt ist: Die Steine werden erst dann endgültig mit Füllmaterial verfestigt, wenn alle Betonteile verlegt sind. Das Füllmaterial stellt hinterher eine durchgehende Fläche her und gleicht Toleranzen aus.

3.2-08 Karton ist natürlich nur einer aus einer ganzen Reihe von Werkstoffen für die überzeugende Imitation von Beton. Zu diesen Werkstoffen gehören unter anderem Hartschaumplatten, die beidseitig mit einer Lage Karton beschichtet sind und sich nach dem Abziehen einer Kartonseite sehr gut gestalten lassen. Der Modellbauer und Buchautor Emmanuel Nouaillier hat mit dieser Technik viele Modellbahner fasziniert.

Strapazierfähigere Ergebnisse schaffen verschiedenste Gießwerkstoffe, die ebenfalls gravierbar sind oder mit Hilfe von Gussformen (als fertige Gussformen erworben oder selbst ausgearbeitet) gefertigt werden. Die Betriebsstelle »Moorende« ist dafür ein sehenswertes, von Thomas Ernst gestaltetes Beispiel. Einfärben lassen sich diese Werkstoffe wie die folgenden, in vielen Varianten erhältlichen Betonplatten.

3.2-09 Auch vorgefertigte Betonplatten aus Keramik gibt es in ganz verschiedenen Größen und Varianten. Das Spektrum reicht von einfachen (beschädigten) Betonplatten über Kolonnenweg- und Lochplatten bis hin zu Industrie-Betonplatten oder Schwerlastplatten. Derartige Platten, die sich gut schleifen, sägen und mit dem Airbrush überarbeiten lassen, liefert *Juweela* in ganz unterschiedlichen Maßstäben. Je nach Verwendungszweck sind diese Plattenmodelle über eine maßstäbliche Zuordnung hinweg frei kombinierbar, sodass eine Vielzahl von Größen für vielfältige Vorhaben zur Verfügung steht. Verlegt wurden solche Platten auch entlang der Werfthalle (s. Abbildung 2.8-01 auf Seite 77).

Auf dem Foto liegen unter anderem Schwerlastplatten in verschiedenen Maßstäben, die mit Metallrahmen eingefasst sind. Der unregelmäßig verteilte Rostton der Einfassungen entstand mit dem Airbrush durch ungleichmäßiges, lasierendes Überspritzen. Zum Abdecken der Betonflächen eignen sich Papierzuschnitte, die mittig auf der Platte mit einem Zahnstocher oder Ähnlichem gehalten werden. Durch den Luftstrom zwischendurch leicht angehoben, ermöglicht eine Papierschablone auch seitlich feine Verläufe. Verfugen lassen sich diese Platten abschließend entsprechend den Pflasterstraßen.

3.2-10 Bei der Darstellung unterschiedlicher Betonplatten lassen sich unterschiedliche Materialien nebeneinander verwenden. Während die kleineren Platten, die der Einfassung der Werftbahngleise dienen, aus Karton bestehen, sind die großen aus einer Gießmasse entstanden (darauf wird im Folgenden noch näher eingegangen). Die mit dem Airbrush aufgetragenen Farben, wie auch die Washings, sind identisch. Wichtig ist hier, wie schon beim Kitbashing – vgl. dazu das Kapitel »Hoch hinaus – ein Werksschornstein«, Seite 98 –, dass die Beschaffenheit der Oberflächen gleichartige Farbaufträge mit dem Pinsel (für Struktur und Washings) und dem Airbrush auch gleich aussehen lässt. Wenn ein solches bei Vorversuchen nicht auf Anhieb gelingt, lässt sich dies in der Regel mit Klarlackgrundierungen erreichen.

3.2-11 Zum Werftgelände und den angrenzenden Kaianlagen gehört auch eine Slipanlage mit großen Betonplatten. Da die H0i-Gleise technisch bedingt die Höhenmaße für alle Betonplatten vorgeben, entsteht die Slipanlage, nachdem die Schmalspurgleise für die Industriebahn und die Rillenschienen für den Kran auf der Kaifläche verlegt und die Betoneinfassungen vorbereitet sind. Der firmeneigene Ford-Lkw (s. Kapitel »Ohne Plastikglanz – ganz unterschiedliche Kfz«) vermittelt einen Eindruck von den Größenverhältnissen nach Abschluss aller »Betonarbeiten«.

3.2-12 Das Vorbild für die Slipanlage befindet sich im Fischereihafen von Thorsminde (DK). Um große und schwere Wasserfahrzeuge beziehungsweise seetüchtige Boote aus dem Wasser ziehen zu können, ist die Anlage mit Schienen ausgestattet, auf denen sogenannte Slipwagen laufen. Der Slipwagen wird mit Hilfe einer Motorwinde bewegt. Die Schienen laufen von oben ins Wasser hinein und unter der Wasserlinie ein ganzes Stück weiter, sodass der Slipwagen im Wasser ein Boot aufnehmen oder nach der Reparatur wieder aufschwimmen lassen kann. Besonders interessant sind an dieser Anlage die acht großen, aus dem Beton hervorschauenden alten Holzschwellen für das breite Gleis, dessen Spurweite 2700 mm beträgt.

3.2-13 Vor Ort entstand auch ein Lageplan für das Modell der Slipanlage. Mit Bleistift auf Transparentpapier maßstäblich gefertigt (das Gleis für den Slipwagen hat im Maßstab H0 eine Spurweite von 31 mm), ließ sich die schematische Zeichnung später gut auf den vorbereiteten Holzunterbau übertragen. Dafür wurden die Eckpunkte der Zeichnung mit einer Bleistiftschraffur unterlegt und von oben her durchgepaust. Der Transparentpapierbogen lässt sich vor dem Durchpausen auf die Breite der Slipanlage zurechtschneiden und sowohl an der oberen wie an der unteren Kante nach dem Ausrichten mit einem Stück Kreppband fixieren.

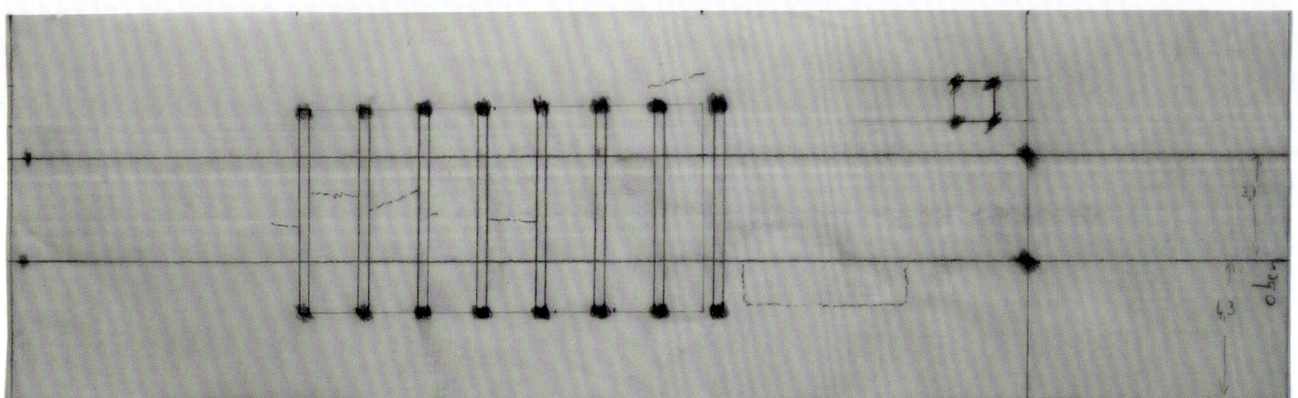

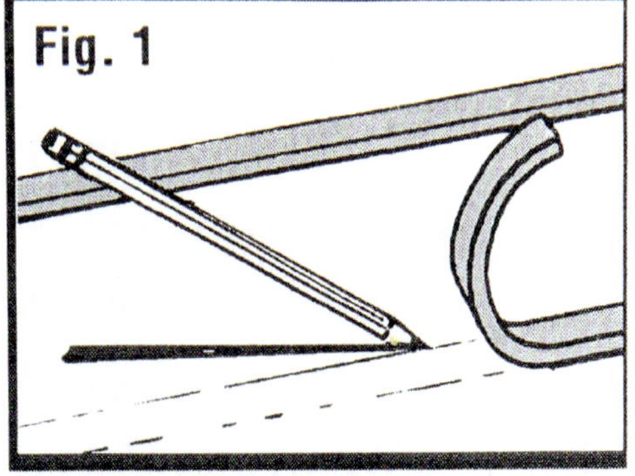

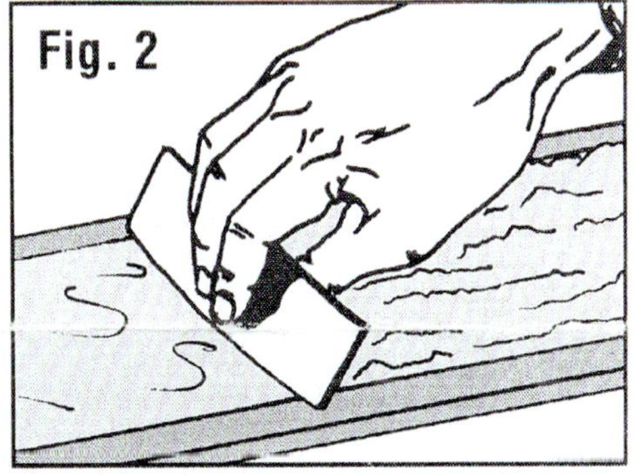

3.2-14 Die Anleitung von *Woodland Scenics* zeigt, wie die große Betonfläche entstehen kann. Unter dem Motto: »Learn Road Building The Woodland Scenics Way« findet sich in einem Plastikbeutel (s. das Foto 38 im Kap. 3.1 auf Seite 132) alles, was gebraucht wird, inklusive der benötigten Werkzeuge und Sandpapiere zum Nacharbeiten. Als Baustoff dient ein in Wasser sorgfältig einzurührendes Pulvergemisch, das zu einer mit dem Spachtel zu verteilenden und zu glättenden Modelliermasse wird. Zum seitlichen Eingrenzen liegt ein dickeres, selbstklebendes Schaumstoffband bei, das auf der Slipanlage nur an der Außenseite gebraucht wird und das nicht länger als unbedingt nötig im direkten Kontakt mit der Modelliermasse bleiben soll. Als Abschluss soll die Oberfläche eine Schicht *Concrete Top Coat* oder *Asphalt Top Coat* (jeweils ein Becher im Set) mit dem dazugelegten Schaumstoffpinsel erhalten. Diese Baumaterialien sind also, wie schon das Motto zeigt, erst einmal für den Straßenbau gedacht, eignen sich aber gut für den Bau der Slipanlage.

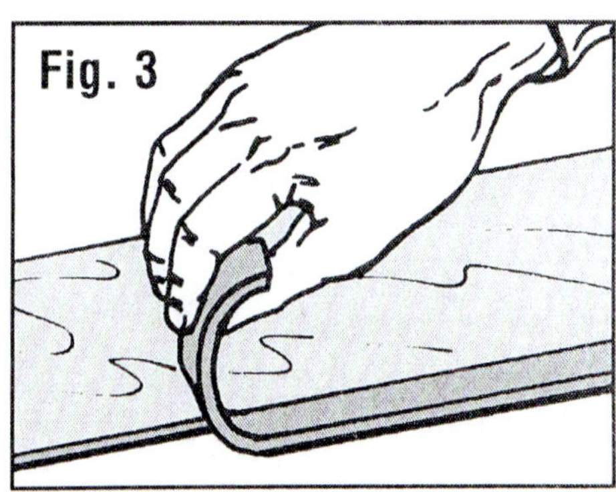

3.2-15 Aus der Nähe betrachtet lassen sich die Strukturen des Betons und der Holzbohlen gut erkennen und ins Modell übernehmen. Für die Darstellung der Schwellen im Modell wurde nachgraviertes Echtholz verwendet. Nach altersgerechten Grautönen bekamen sie ein Pigment-Washing. Durch Tiefengrund und einen abschließend versiegelnden Klarlack ließ sich die Saugfähigkeit des Holzes minimieren, damit es beim anschließenden »Betonieren« nicht zu unerwünschten Verfärbungen kommen konnte.

Deutlich zu sehen ist auch, dass die großen Holzschwellen mit ihren sehr unregelmäßigen Kanten ursprünglich unter der Betondecke gewesen sein müssen, sodass ausgeprägte Kanten entstanden sind. Die »Schleifleiste« als Seilauflage – vergleiche hierzu die vorangegangene Vorbildaufnahme – zeigt an, wo diese Ansicht zu verorten ist.

3.2-16 Sowohl oben wie auch unten wird die Modelliermasse zu einem kantenlosen Übergang verstrichen. Bevor die Modelliermasse aufgestrichen wird, geht es aber erst einmal mit dem Aufkleben der vorbereiteten langen Holzbohlen über der, auf den Untergrund übertragenen Vorzeichnung weiter. Auf der Rampe geben die Holzschwellen die Schichtstärke vor.

Das Höhenniveau für die Betonplatten oben auf dem Werftgelände ist durch das Einfassen der Industriebahn- und Rillenschienen wie beschrieben festgelegt. Die großen Betonplatten oben kommen aber erst hinzu, sobald die Betonflächen der Rampe grifffest sind.

3.2-17 Die Umlenkrollen für den Betrieb der Seilwinde sind im Beton verankert. Eine dieser Betonverankerungen befindet sich oben an der Kaimauerseite der Slipanlage (vgl. auch die Zeichnung) und ist Teil der Betondecke. Es bietet sich für die Modellumsetzung also an, den benötigten »Betonklotz« zusammen mit den Holzschwellen vorzubereiten und festzukleben, bevor die Modelliermasse aufgetragen wird. Das Aufsetzen der kleinen Umlenkrolle geschieht, wenn alles andere fertiggestellt ist.

3.2-18 Entlang der Kaimauer läuft der Beton in die Spalten zwischen den Natursteinen. Damit entsteht ein sehr realistisches Modell. Zugleich bedeutet es, dass die Kaimauer vor dem Ausgestalten der Slipanlage fertig sein muss. Die dargestellte Natursteinkaimauer besteht aus lasergeschnittenen und -gravierten Kartonstreifen (MKB), die mit Acrylfarben (Airbrush) und Pigment-Washings überarbeitet wurden. Der Schwerpunkt lag dabei auf dem Betonen von einzelnen Steinen und Lichtreflexen.

Die Kreppbandstreifen entlang der durchgetrockneten Betonfläche sollen die Modulseite während der Beschichtung mit *Concrete Top Coat*, ausgeführt mit dem Schaumstoffpinsel, und während der nachfolgenden Farbaufträge schützen.

3.2-19 Mit der Deckschicht *Concrete Top Coat* wird die farbliche Grundlage auf der Slipanlage geschaffen. Die Spalten, Risse und Ausbrüche im Beton sind schon vorher entstanden durch den vorsichtigen Gebrauch einer Graviernadel. Durch ein Pigment-Washing über der Grundfarbe werden die Dehnfugen, Verschmutzungen und Schäden überdeutlich hervorgehoben, nachdem die Fugen in der Kaimauer, die durch die Modelliermasse hell geworden waren, damit ihre dunkle Tiefe zurückbekommen haben. Mit dem Airbrush wird anschließend die ganze Betonfläche der Slipanlage mit dem Betonfarbton, der bereits für die Betonplatten aus Karton Verwendung fand, überspritzt.

Bevor der Airbrush zum Einsatz kommt, muss die Kaimauer natürlich abgedeckt werden. Ein Blatt Altpapier, mit der Längsseite auf die betonierte Rampe gestellt und oben entlang der Kaimauerkannte abgeknickt, übernimmt diese Aufgabe. Eine etwas dickere Holzleiste hält das Blatt von oben fest. Ob die großen Holzschwellen, die der Slipanlage und den Schienen Halt geben, vor dem Überspritzen der Betonflächen maskiert oder anschließend vielleicht einfach weiter überarbeitet werden, bleibt jedem selbst überlassen. Im nächsten Schritt ist dann das Montieren der rostigen Schienen an der Reihe. Dabei lassen sich an und um Details, wie den Schienenbefestigungen, weitere farbliche Akzente setzen.

3.2-20 Auch das Nachbauen von Details wie die arg strapazierte Seilführung trägt dazu bei, dass ein vorbildnaher Eindruck entsteht. Gerade solche Kleinteile können, scratch gebaut und farblich stimmig, echte Highlights des Modellbaus sein und ihre Herstellung viel Spaß machen.

3.2-21 Die Abschlusskante am Ende der oberen Betonflächen zeigt, wie tief die Schiene auf der Arbeitsfläche oben in den Beton eingebettet ist. Die Schiene liegt somit auch im Modell tief im Beton. So, wie die großen Holzbohlen auf der Rampe der Slipanlage vor dem Gießen der Modelliermasse verlegt worden waren, kann letztlich auch mit den Schienen im Bereich der Stellfläche verfahren werden. Da das Gleis auf der Rampe der Slipanlage vollständig über den Betonplatten verläuft, können die Schienen im Übergang zwischen den beiden Abschnitten bei dieser Vorgehensweise gut zusammengeführt werden, ohne dass sie schon unverrückbar eingegossen oder befestigt sind.

3.2-22 Der Blick über den oberen Werftplatz mit dem Slipwagen bestätigt, das die Schienen über die ganze Länge der Betonflächen so tief eingebettet sind. Die Gleise wurden auf einer ersten Betonfläche verlegt und dann mit einer zweiten Lage Beton eingegossen. Am unteren Rand des Fotos ist die seitliche Abschlusskante der Fläche und diese Schichtung wieder gut zu erkennen.

Zusammen mit der ersten Aufnahme, auf der die Stirnseite des Slipwagens zu sehen ist (Foto 3.2-09), ist diese Ansicht zugleich eine brauchbare Vorlage für einen Scratchbau des Slipwagens. Wer Freude an jeder Menge Rost-, Holz- und Verwitterungsfarbtönen hat, kann sich hier austoben. Bei der Vorgehensweise für die Farbgebung kann es sehr ähnlich zugehen wie bei verwitterten Rauputzwänden (vgl. dazu das Pförtnerhaus im Kapitel 2) oder bei den verrosteten Metallplatten des Bahnübergangs (im Kapitel 1.1-22 und 1.1-23). Desgleichen gilt natürlich auch für die Vorgehensweise am Schiffsrumpf.

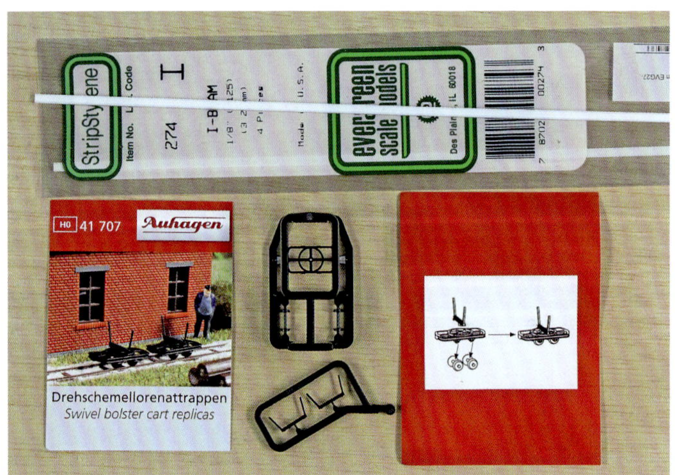

3.2-23 Zum Bauen des Slipwagens genügen wenige Baumaterialien. Die Slipwagen sind im großen Original sehr einfach aufgebaut und können auf der Werft »hausgemacht« sein. Für den Modellbauer ist eine Vielzahl an Winkeln, Profilen sowie Leisten und Stäben aus Plastik (*Evergreen*) im Angebot, aus denen sich ein solcher Slipwagen gut konstruieren lässt. Diese Plastikmaterialien lassen sich zudem problemlos mit Modellbaufarben gestalten. Die Spurkränze der Räder müssen auf die tief eingebetteten Schienen abgestimmt sein. Da die Räder zudem einen sehr kleinen Durchmesser haben sollen, sind hier Feldbahnräder sehr gut zu gebrauchen.

3.2-24 Salzwasser und Seeluft haben viele unterschiedliche Rosttöne hervorgebracht. Über einem gespritzten Rostgrundton lassen sich alle erdenklichen Rosttöne sprenkeln (mit der Sprenkelkappe anstelle des serienmäßigen Luftkopfes auf dem Airbrush), zum Teil gleich abtupfen, mit Pigmenten überarbeiten, dabei mit dem Pinsel teilweise verwischen und dann zusätzliche Farben mit weiteren Pinseln darüberlegen.

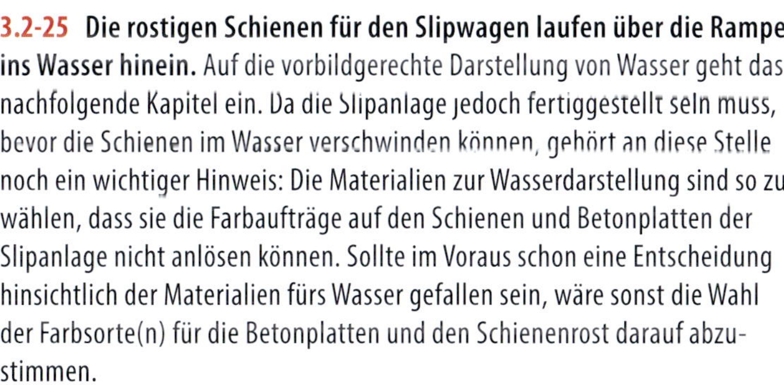

3.2-25 Die rostigen Schienen für den Slipwagen laufen über die Rampe ins Wasser hinein. Auf die vorbildgerechte Darstellung von Wasser geht das nachfolgende Kapitel ein. Da die Slipanlage jedoch fertiggestellt sein muss, bevor die Schienen im Wasser verschwinden können, gehört an diese Stelle noch ein wichtiger Hinweis: Die Materialien zur Wasserdarstellung sind so zu wählen, dass sie die Farbaufträge auf den Schienen und Betonplatten der Slipanlage nicht anlösen können. Sollte im Voraus schon eine Entscheidung hinsichtlich der Materialien fürs Wasser gefallen sein, wäre sonst die Wahl der Farbsorte(n) für die Betonplatten und den Schienenrost darauf abzustimmen.

Mit Tiefgang – Wasser

3.3-01 Die Schienen der Werftslipanlage verschwinden im Wasser. Für ein kurzes Stück sind sie noch zu sehen und zu erahnen – um ihre Aufgabe erfüllen zu können, reichen sie jedoch sehr viel weiter und tiefer als sichtbar ins Wasser, bevor sie dort enden. Optisch ist die wirkliche Tiefe des Wassers in nördlichen Gewässern in der Regel nicht auszumachen, egal, ob es wie hier um einen Nordseehafen (Thorsminde) oder um einen Hafen weiter landeinwärts, wie den Hamburger Hafen, geht. Es ist diese Mischung aus Transparenz und Spiegelungen, die dem Wasser sein ständig wechselndes und doch charakteristisches Aussehen gibt. Dieses Aussehen im Kleinen nachzubilden ist sicherlich eine der größeren Herausforderungen im Modellbau.

Für die Darstellung von Wasser gibt es erwartungsgemäß eine ganze Reihe von Vorgehensweisen. Da dem nachgebildeten Wasser in der Regel die Tiefe eines großen Wassers fehlt, gilt es, eben diese Tiefe optisch zu erzeugen. Gleichzeitig muss hier gar nicht so viel Tiefe sein, wie am folgenden Beispiel deutlich wird. Gerade die Farbgebung spielt dabei in Verbindung mit weiteren Materialien wieder eine entscheidende Rolle.

3.3-02 Das Wasser, in das der Taucher hier hinabsteigt, mutet noch undurchsichtiger an als das Seewasser vor der Slipanlage. Unterhalb seiner Gürtellinie ist schnell nicht mehr viel von ihm zu sehen. Dennoch sind die auf dem Foto sichtbaren Farben des Wassers keine Lokalfarben einer Oberfläche. Sie sind eine Mischung aus Spiegelungen, Lichteinfall und Schwebstoffen, die sich erst ab einer gewissen Wassertiefe zu scheinbaren Farbtönen verdichten.

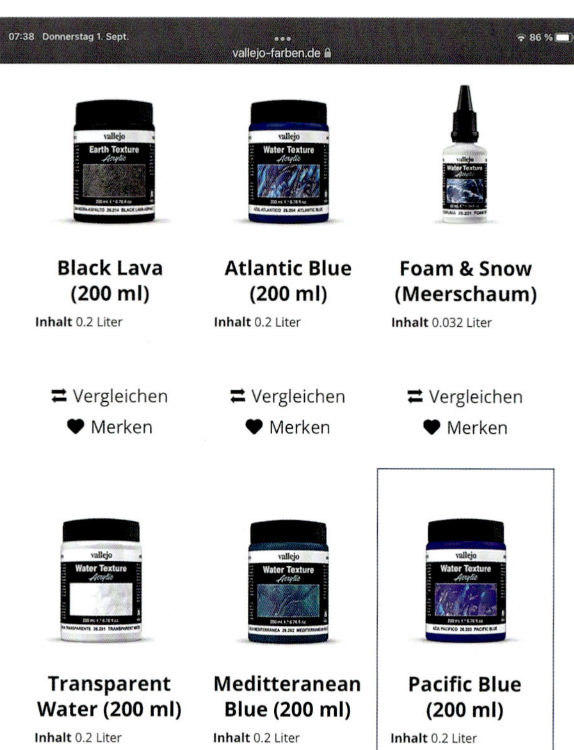

3.3-03 Um Wasser als solches darzustellen, werden diverse Produkte ganz unterschiedlicher Art angeboten. Erste Ergebnisse bringt schon die Produktliste eines Herstellers für Modellbaufarben (Vallejo), wie der »preisbereinigte« Screenshot zeigt. Mit dem Anklicken des Produkts »*Pacific Blue (200 ml)*« erschien der folgende Text: »*Drei gebrauchsfertige stark pastose Acrylgels, die speziell pigmentiert wurden um die Tönung der drei großen Ozeane nachzubilden. Der endgültige Effekt hängt von der Farbe des Untergrundes ab. Weitere Variationen in der Tönung können durch das Erstellen von Übergängen untereinander, mit Transparent Water, Schwarz, Weiß oder allen anderen gewünschten Farben entstehen.*«

3.3-04 Zu den Klassikern für die Modellumsetzung (klaren) Wassers gehören die sogenannten Gießharze. Diese reichen von Acrylaten, die an der Luft aushärten und keinerlei Zusätze zum Aushärten bedürfen, bis hin zu 2-K-Produkten. Für den Modellbahner können die kritischen Punkte bei der Verwendung von Gießharzen unter anderem die folgenden sein: die sogenannte Topfzeit, in der das Material noch fließt, ein ungewolltes Auslaufen in die Anlagenoberfläche, Lufteinschlüsse, ein Hochziehen an den Rändern, die (herstellerseitig empfohlene) Schichtstärke pro Arbeitsgang, eine starke Erwärmung beim Aushärten (exotherm, mit negativen Auswirkungen auf den Untergrund und die Umgebung) und Spannungsrisse sowie ein Volumenverlust beim Aushärten. Dazu kommt die Frage, ob es negative Wechselwirkungen mit den eingesetzten Farben und dem Untergrund gibt. Soweit hier nicht auf einschlägige Erfahrungen zurückgegriffen werden kann, sind Vorversuche also absolut sinnvoll.

3.3-05 Gießproben in einem kleinen Kunststoffbehältnis geben erste Aufschlüsse zu den Materialeigenschaften. Das Produkt Realistic Water ist für stille oder langsam fließende Gewässer konzipiert. Es kann direkt aus der Flasche verwendet werden und ist wasserverdünnbar, braucht entsprechend den Herstellerangaben etwa 24 Stunden zum Trocknen und ist ungiftig. Seitens des Herstellers gibt es diese Aussage zum Produkt: »*Use to model still or slow-moving water, such as ponds, rivers, lakes and more. Pour directly from the bottle. Realistic Water is self-leveling, water soluble, won't crack and has minimal shrinkage. Surface dries firm and clear in approximately 24 hours, depending on humidity conditions. Non-toxic. Seal water area with Plaster Cloth and use only Woodland Scenics® Earth Colors Liquid Pigment, Water Undercoat or 100% acrylic paint when preparing your water feature. One bottle covers an area 17" (43.1 cm) in diameter if poured to a depth of 1/8" (0.31 cm).*« (Zum Modellieren von stehendem oder langsam fließendem Wasser, wie Teiche, Flüsse, Seen und mehr. Gießen Sie direkt aus der Flasche. Realistic Water ist selbstnivellierend, wasserlöslich, reißt nicht und schrumpft nur minimal. Die Oberfläche trocknet je nach Luftfeuchtigkeit in etwa 24 Stunden fest und klar. Ungiftig. Versiegeln Sie den Wasserbereich mit einem Gipstuch und verwenden Sie nur *Woodland Scenics® Earth Colors*«. Flüssigpigment, Wassergrundierung oder 100%ige Acrylfarbe für die Vorbereitung Ihres Wasserspiels. Eine Flasche reicht für einen Bereich mit einem Durchmesser von 43,1 cm (17") aus, wenn bis zu einer Tiefe von 0,31 cm (1/8") gegossen wird.)

Zu dem vorher unter Punkt 4 genannten Kriterienkatalog gehört in einem zweiten Test die Prüfung möglicher Wechselwirkungen mit den eingesetzten Farben. Dafür können zwei dünne Harzschichten, nach dem Aushärten der unteren Schicht, übereinandergelegt werden. Mit dem vorsichtigen Einrühren (Lufteinschlüsse!) einer geringen Menge transparenter Acrylfarbe in das Acrylharz – vor dem Eingießen in das Testbehältnis – und dem Auftragen von gespritzten Farbaufträgen auf diese untere Schicht (nach deren Durchtrocknen), lassen sich so erste Erkenntnisse zum Thema Farbe gewinnen. Nach dem Gießen und Aushärten der darübergelegten Schicht zeigt sich abschließend, ob und gegebenenfalls welche Unverträglichkeiten es gibt. Obendrauf sind gegebenenfalls nach zufriedenstellenden Vorversuchen auch Tests mit Acrylgels und anderen Zubehörprodukten sinnvoll.

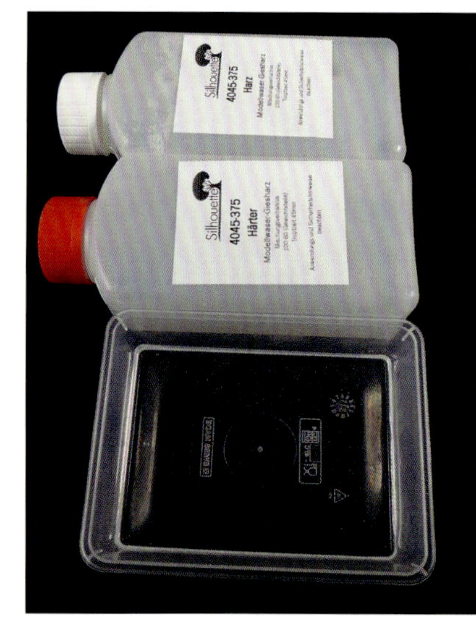

3.3-06 Die Verarbeitung von zweikomponentigen Gießharzsystemen gestaltet sich gänzlich anders. Der Verträglichkeit mit den übrigen Materialien der Geländegestaltung ist hier, neben den schon aufgelisteten Testpunkten, im zweiten Durchgang besondere Beachtung zu schenken. Wie ist der Untergrund vorzubereiten, damit es zu keinen unliebsamen Überraschungen kommt? Auch kommen natürlich keine Modellbau- und Airbrushfarben auf wässriger Basis zum Durchfärben des Gießharzes in Betracht – in diesem Fall sind Farbpigmente zum Einfärben empfohlen. Was passiert mit Farbaufträgen und Farbverläufen, die mit dem Airbrush aufgebracht und nach dem Trocknen eingegossen werden? Lässt sich die Oberfläche der ausgehärteten Gießharzmasse weiter bearbeiten? Was hält darauf?

Für das Produkt 4045-375 Modellwasser 375 ml findet sich im Blätterkatalog von *Silhouette Modellbau* folgender Hinweis: »*Das Gebinde ist mit einem Entlüfter vordosiert und ermöglicht somit blasenfreie Ergebnisse. Das Mischungsverhältnis beträgt 100:60, ist ebenfalls vordosiert und sofort gebrauchsfähig. Härter und Harz gut vermengen und schon kann es losgehen. Die Topfzeit beträgt ca. 45 Min., nach ca. 24 Stunden ist die Oberfläche staubtrocken. Aquafine greift Styropor, Styrodur oder ähnliche Materialien nicht an und es kommt praktisch zu keiner Geruchsbelästigung. Auf eine gute Abdichtung und waagerechte Aufstellung des Untergrunds muss geachtet werden. Eine ausführliche Gebrauchsanweisung liegt bei. Gebinde aus Härter und Harz. Unser Tipp: Mit Farbpigmenten kann man das Modellwasser »einfärben« und somit die Wasserfärbung oder -eintrübung, je nach eigener Vorstellung, anpassen.*«

3.3-07 Eine Antwort auf die Frage, ob klares Gießharz allein den gewünschten Eindruck von Wasser erzeugt, ist natürlich vom Dargestellten abhängig. Auch die Sichtweise des Betrachters spielt dabei selbstverständlich eine Rolle. Mediterranes Wasser ist sicherlich oft klarer als Nordseewasser. Bei diesem Italienmotiv (Miniatur Wunderland Hamburg) ist durch die Platzierung am Anlagenrand zum einen die Schichtstärke des Gießharzes und zum anderen die Untermalung gut zu sehen.

3.3-08 Zurück zum Taucher im Hafenwasser: Mit größerem Abstand zu ihm zeigt sich jetzt mehr von der gekräuselten Wasseroberfläche. Die in dieser Umgebung vom Wasser ausgehenden charakteristischen Farbwerte sind schon auf dem ersten Taucherfoto zu finden, und auch der dunkel-grünliche Bewuchs, der sich an der Betonwand nach oben zieht und im Folgenden noch eine Rolle spielt, ist gut zu erkennen. Vom Taucher selbst ist unter der Wasseroberfläche nicht mehr viel zu sehen.

3.3-09 Ein einfacher Weg, um eine solche Wasseroberfläche nachzubilden, ist die dritte Herangehensweise unter den Klassikern der Wasserdarstellung. Diese lässt sich vereinfacht mit den Stichworten »Papier, Farbe und Lack« umschreiben. Ausgehend von dem, was bei den im Wasser verschwindenden Gleisen und den weiteren Beobachtungen rund um den Taucher zu sehen ist, fällt hier die Entscheidung, für die Darstellung des Wassers vor der Werftslipanlage eben diese dritte Vorgehensweise zu wählen.

Dafür werden hier einzelne Blätter von weißem, weichen WC-Papier leicht überlappend in eine nasse Grundierung aus verdünntem Weißleim gelegt. Nachdem die gesamte Fläche, die das Wasser später bedecken soll, ausgelegt ist, wird das Procedere nass-in-nass mit mindestens einer zweiten und einer dritten Schicht ganzflächig wiederholt. In die entstehende, recht homogene Papiermasse lassen sich mit Pinseln, die weder zu hart noch zu weich sein dürfen, nun die Formationen, die auf der Wasseroberfläche des großen Originals zu sehen sind, nachbilden. Das Foto zeigt, wie dies dann aus der Nähe betrachtet aussehen wird.

3.3-10 Große Sorgfalt muss der Wasserdarstellung an den Rändern zukommen. Das Wasser wird beim Vorbild in die Fugen der Kaimauer (MKB) hineinlaufen. Das bedeutet, dass sich die Papiermasse mit der Modellkaimauer spaltfrei verbinden muss, wenn das Modellwasser später realistisch wirken soll. Gleiches gilt selbstverständlich für Brückenpfeiler, felsige/steinige Uferböschungen und ähnliches. An geneigten Flächen wie einer Slipanlage oder einem Strand, die in das Wasser hineinführen, dürfen natürlich keine merkwürdigen Aufwölbungen und Spalte oder Absätze entstehen. Die Gleise der Slipanlage müssen, wie beim wirklichen Wasser, nahtlos ins Papier eintauchen. Dadurch, dass in diesem Arbeitsstadium die Papiermasse nass gehalten werden kann, lässt sich all das jedoch gut bewerkstelligen. Dort, wo die noch helle Wasserpartie zwischen den Schienen zu sehen ist, wird gerade nachgearbeitet.

3.3-11 Die Farbgebung auf Ufern, Uferbefestigungen oder wie hier den Kaimauern, sollte fertiggestellt sein, bevor mit der Wasserdarstellung begonnen wird. Die dazu verwendeten Farben müssen in diesem Fall selbstverständlich wasserfest auftrocknen, was bei den verwendeten Modellbaufarben (Öl- und Acrylfarben) der Fall ist.

Eine Anmerkung zu den Schatten auf und hinter den Pfählen soll nicht fehlen: Um eine realistisch wirkende Plastizität zu erhalten, wurden die weich verlaufenden Schattenpartien auf und hinter den Reibepfählen durch einen transparenten Schattenton, aufgetragen mit dem Airbrush, verstärkt.

3.3-12 Mindestens 72 Stunden muss die Papiermasse nach Abschluss aller Arbeiten durchtrocknen. Eine ausgedehntere Trockenzeit kann in keinem Fall schaden, denn es geht darum, für die nachfolgenden Farbaufträge einen sicheren Untergrund zu haben, auf dem es nicht zu unliebsamen Wechselwirkungen mit den gewählten Farben kommt. Prinzipiell eignet er sich dann für alle im Modellbau einsetzbaren Farbsorten, die mit dem Pinsel und/oder dem Airbrush aufgetragen werden können.

3.3-13 Der Farbauftrag beginnt beim Hafenbecken mit der Darstellung des Algenbewuchses entlang der Ränder. Dieser Algenbewuchs bildet den Übergang ins Wasser, befindet sich also sowohl im wie am Wasser. Die dafür hier auf der Modellbahn verwendeten *Vallejo*-Produkte *Brown Splash Mud* und *European Mud* auf wässriger Acrylbasis stammen ursprünglich aus dem (Militär-)Modellbau. Sowohl für die Verschmutzung von Fahrzeugen als auch für die Wiedergabe von Schlammlöchern und Pfützen gedacht, helfen sie dem Modellbahner beim realistischen Gestalten von Gräben, Pfützen und eben großen Gewässern. Mit Airbrushfarbe abgetönt, eignen sie sich gut für eine vorbildgetreue Algendarstellung.

Die folgende Produktbeschreibung findet sich unter *vallejo-farben.de*: »*Splash Mud sind sechs verschiedene Schlammsorten, alle hergestellt mit natürlichen Pigmenten und wasserlöslichen Acrylharzen. Sie trocknen mit einem leicht glänzenden Effekt, der die Feuchtigkeit von Schlamm gut wiedergibt, auf. Die verschiedenen Sorten der Splash-Mud-Serie sind so konzipiert, dass man sie einfach mit einer Airbrush auftragen kann, mit der man Luft über einen mit Splash Mud gefüllten Pinsel aus kurzer Distanz auf das Modell oder einen bestimmten Bereich des Modells bläst. Auf diese Art entstehen realistische Schlammspritzeffekte auf der Modelloberfläche. Ebenso kann man Splash Mud mit steifen Pinseln oder Stäbchen auftragen.*«

»*Thick Mud sind sechs Produkte, die Schlamm von schwerer und dicker Konsistenz mit einem leicht glänzenden Finish wiedergeben. Sie eignen sich besonders für den Geländebau in Vignetten und Dioramen.*«

Hier gibt es also viel auszuprobieren und damit die Chance, vorbildgetreu zu gestalten.

3.3-14 Innerhalb der algenfarbigen Umrandung wechseln sich Farbaufträge und Klarlackschichten ab. Die mit dem Airbrush frei gespritzten und ineinander übergehenden Farben des Wassers, die den durchgetrockneten Papiergrund vollständig abdecken, bilden den Anfang. Der Anschein von Wassertiefe entsteht zudem mittels durchgehender Verläufe im Randbereich des Wassers. Für die optische Verlängerung der Schienen ins Wasser hinein werden als Abschluss der ersten Farbaufträge zwei seitlich maskierte, parallel auslaufende Verläufe in den Rostfarben der Schienen gespritzt.

Durch zwei satt mit dem Pinsel aufgetragene oder vorsichtig gegossene Klarlackschichten (stets trocknen lassen!) beginnt das Ganze schon wie Wasser auszusehen. Um die Brilianz der Farben unter und zwischen den Klarlackschichten dauerhaft zu gewährleisten und um vor Materialunverträglichkeiten gefeit zu sein, sollten dafür nur hochwertige Künstleracryllacke zum Einsatz kommen. Hier ist es *Lascaux Transparentlack 1 – UV*. Damit ist auch die Verträglichkeit mit Acrylfarbschichten gegeben, die, lasierend zwischen die Klarlackschichten gelegt, die Illusion von Wassertiefe weiter verstärken. Nach drei Klarlackschichten und einmal dazwischenliegenden Lasuren, gilt es zum ersten Mal zu entscheiden, ob es weiterer Lasuren und Klarlackschichten bedarf (siehe Foto).

3.3-15 Die Farbnuancen des Wassers entstehen durch transparente Lasuren. Mit Hilfe von Fotofiltern lässt sich sehr anschaulich zeigen, welche Wechselwirkungen satt aufgebrachte Klarlackschichten und dazwischenliegende, mit dem Airbrush angelegte, transparente Lasuren haben können. Natürlich bei Weitem nicht in der Farbstärke der Filter im Gegenlicht, aber doch stark genug, um beispielsweise den Farbeindruck der Vorbildfotos 3.3-01 und 3.3-02 zu erzeugen.

3.3-16 Um sicher zu gehen, dass die Gestaltung des Wassers abgeschlossen ist, heißt es, von allen Seiten draufzuschauen. Vergleichbar mit dem wirklichen Wasser, wird es dabei durch wechselnden Lichteinfall und den sich damit verändernden Reflexionen jeweils ein anderes Aussehen haben. Erst wenn die Rundumansicht überzeugend ausfällt, lässt sich dieses Thema abschließen.

Zurück zum Anfang – Erdarbeiten und Sandaufschüttungen

3.4-01 Wasser kommt natürlich nicht nur in Gewässern vor, sondern steht nach jedem Regen auch in anderen Vertiefungen.
In ausgeprägten Schlag- oder Schlammlöchern bleiben Wasserlachen länger stehen und sind in Nordeuropa oft ein vertrauter Anblick. Um die Voraussetzungen für die Darstellung einer schönen Pfütze zu schaffen, sind manchmal auch »Erdarbeiten« erforderlich, und diese sollen im Folgenden inklusive Pfützen thematisiert werden.

3.4-02 Auch bei der Fertigstellung von Zufahrtsstraßen und Werftflächen bleiben noch Erdarbeiten auszuführen. Es gilt, die verbliebenen Lücken – in der Höhe und in der Breite – zwischen dem neu verlegten Straßenpflaster, den Betonplatten und der Umgebung zu füllen. Im weiteren Umfeld ist bereits Erdreich vorhanden und eine angedeutete »Grundbegrünung« mit Gräsern ist erfolgt, um einen besseren Eindruck von der Stimmigkeit weiterer Anlagenteile zu erhalten.

3.4-03 Auf der gegenüberliegenden Straßenseite ist das Abdeckband über dem Einlaufgitter zu erkennen. Beim seitlichen Anschütten von Erdreich ist, genau wie beim Verfugen des Straßenpflasters, natürlich wieder darauf zu achten, dass nichts in die Einlaufgitter oder Gullydeckel fällt und damit die darunterliegenden Hohlräume verfüllt (s. dazu Kap. 3). Wie das Anschütten hier vonstatten gegangen ist, zeigt das Folgende.

Die Farbe des Erdreichs soll sich zum Abschluss mit dem Airbrush variieren und angleichen lassen, und das nicht nur in den Übergangsbereichen zu befestigten Oberflächen. Eine sehr wichtige Voraussetzung dafür besteht deshalb darin, das Erdreich so zu verfestigen, dass es beim Überspritzen nicht vom Luftstrom weggeblasen wird. Die ersten Erdarbeiten, die dies gewährleisten, fanden schon vor dem Gleisbau statt, wie die folgenden Fotos zeigen.

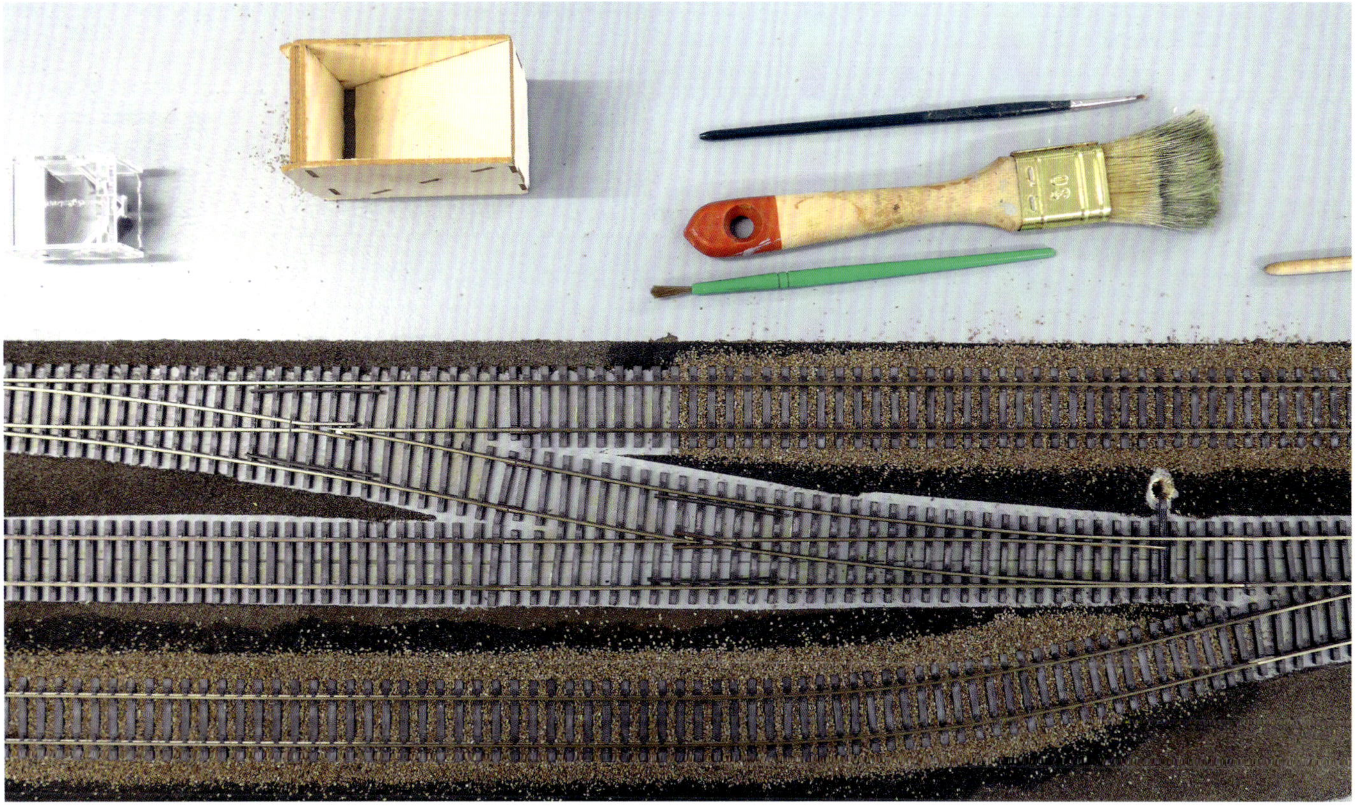

3.4-04 Die Gleise für die Hafenbahn sind direkt auf der silbergrau grundierten Moduloberfläche verlegt (FREMO-Norm IH05 Hafen- und Industriebahn). Bevor sie eingeschottert werden können, gilt es, die Gleise (*TILLIG H0-ELITE-Gleissystem*) mit Erdreich so einzufassen, dass das Schotterbett seitlich ins Erdreich übergehen kann. Für das Einschottern selbst sind dann keine über das normale Vorgehen hinausreichenden Vorkehrungen erforderlich.

3.4-05 Vier Siebe aus einem Set helfen, Erdreich für die Anlage zu gewinnen. Die Erde stammt aus dem Garten. Damit es auf der Modellbahn am Ende nicht lebendiger als gewünscht zugeht, ist die eingesammelte Erde im Backofen resp. der Mikrowelle bei größerer Hitze vorzubereiten. Dies kann vor oder nach dem Sieben stattfinden, ist bei feuchter Erde aber natürlich vor dem Sieben sinnvoll.

Das Siebergebnis wird von Sieb zu Sieb feiner, das Sieben beginnt mit Sieb 1. Mit Sieb 2 wurde gesiebt, was durch Sieb 1 hindurchgekommen ist, und dementsprechend setzte sich das Sieben fort (hier wichtig für die spätere Benennung des Materials nach Nummer des Siebes). Die Siebe besitzen eine Maschenweite von 0,90/0,56/0,30/0,18 mm. Für die Vorratshaltung von gesiebtem Material unterschiedlicher Konsistenz eignen sich schlanke Olivengläser, da sich aus ihnen recht fein streuen lässt.

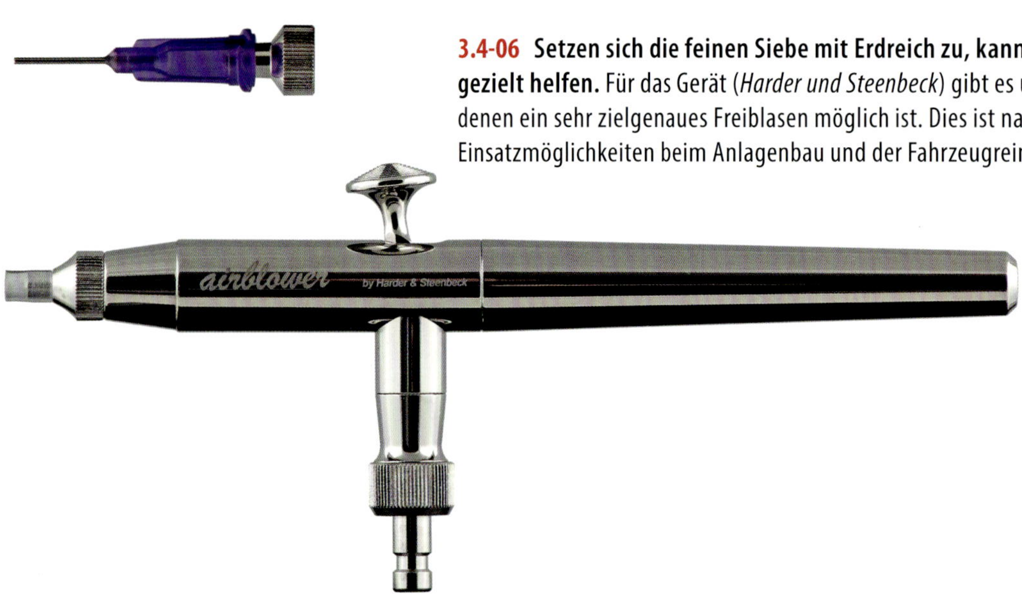

3.4-06 Setzen sich die feinen Siebe mit Erdreich zu, kann ein Airblower beim Reinigen gezielt helfen. Für das Gerät (*Harder und Steenbeck*) gibt es unterschiedliche Vorsätze, mit denen ein sehr zielgenaues Freiblasen möglich ist. Dies ist natürlich nur eine von sehr vielen Einsatzmöglichkeiten beim Anlagenbau und der Fahrzeugreinigung.

3.4-07 Aus der gesiebten Erde, Acrylfarbe und einer Weißleimmischung entsteht der Erdboden. Als Haftgrund unter der ersten Schüttung wird eine pastose Acrylfarbe (erhältlich in 250 ml-Flaschen) mit einem Stupfpinsel – oder einem festen Borstenpinsel mit kurz geschnittenen Borsten – etwas dicker aufgestupft. Wie bei allen Farben sollten auch hier nur hochwertige Produkte verarbeitet werden, um vor unliebsamen Überraschungen sicher zu sein. Die Wahl für das dort hinein einzustreuende Erdreich fällt auf die feinste Erde (Sieb 4). Bei größeren Flächen ist es sinnvoll, Stück für Stück vorzugehen, damit die Acrylfarbe beim Einstreuen noch ausreichend nass ist.

Ein partielles Unterlegen mit etwas gröberen Varianten (Sieb 3 und 2) sorgt für natürlich wirkende Vielfalt. Um darauf nach dem Trocknen der Acrylfarbe die feinste Erde zu halten, wird die Weißleimmischung gebraucht. Mit einem feinen Wassernebel oder Tropfen aus einer Pipette (Leitungswasser mit Oberflächenentspanner, hier: tropfenweise Brennspiritus) lässt sich die trockene erste Schüttung gut für das Einlaufenlassen eines fixierenden Weißleim-Wassergemisches (1 Teil Leim, 3 Teile Wasser) vorbereiten.

3.4-08 Bevor die Entscheidung zugunsten eines Farbtons für den Haftgrund fiel, entstand ein Testbogen in Form einer selbstgefertigten Farbkarte. Welche Erden/Sandarten mit welcher Acrylfarbe das gewünschte Aussehen bekommen, kann vorab mit Hilfe einer selbstgefertigten Farbkarte ermittelt werden. Auch ein fein nuanciertes Nachfärben mit dem Airbrush ist natürlich möglich und lässt sich auf solchen Mustern gut ausprobieren bzw. vorbereiten. Zum Vergleich standen hier die Farbtöne *Lichter Ocker* und *Umbra natur.* Angelegt wurden für beide Farbtöne jeweils zwei Testflächen, von denen eine dann gleich mit Erdreich bestreut wurde. In diesem Fall bekam der Farbton *Umbra natur* als Ergebnis den Vorzug.

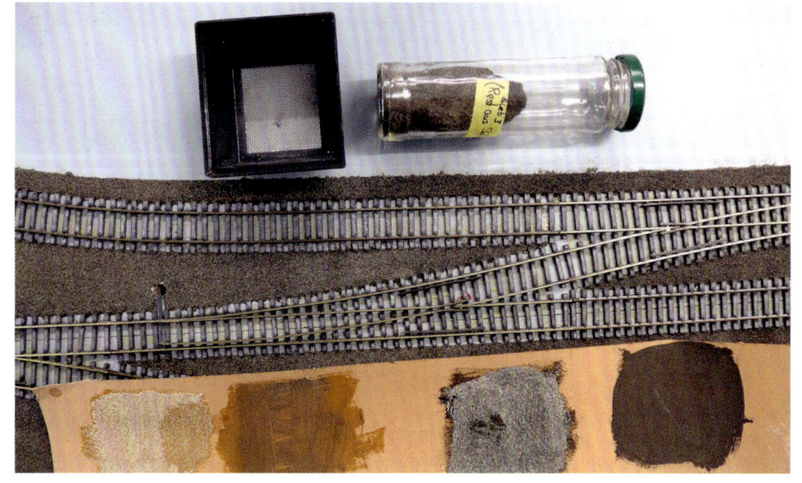

3.4-09 Die Gleise, als erstes verlegt, verschwinden unter Kreppband, damit auf ihnen weder Farbe noch Erde oder Leim, landet. Beim satten Aufstupfen der mit Hilfe des Testbogens ausgewählten Farbe *Umbra natur* ist es wie schon erwähnt empfehlenswert, abschnittsweise vorzugehen, damit die Farbe beim folgenden Einstreuen des Erdreichs noch richtig nass ist. Die später sichtbaren Helligkeitsunterschiede entstehen, indem die Feuchtigkeit der Farbschicht oder des Leimgemischs die eingestreute Erdschicht vollständig durchdringt. Nachstreuen oder Nachfärben mit dem Airbrush kann hier gegebenenfalls Abhilfe schaffen. Mehr zum Thema »Gleise« findet sich im ersten Buchabschnitt.

3.4-10 Beim Anschütten des Banketts am rechten Landstraßenrand wird die Vertiefung für die Pfütze ausgespart. In leichtem Gegenlicht ist dies gut zu sehen. Das Erdreich des Banketts, des Aussehens nach von einem größeren Fahrzeug beschädigt, wird nach rechts in die Wiese geschoben. Durch den Unterbau unter dem Straßenbelag (vgl. das Foto 3.1-09 auf Seite 119) ist auch in der Modellumsetzung genug Tiefe für eine ausgeprägte Pfütze vorhanden.

3.4-11 Dicker, brauner Schlamm wird mit dem Pinsel auf den Boden der Vertiefung aufgetragen. Dieser »Schlamm« entsteht wieder aus den *Vallejo*-Produkten *Brown Splash Mud* und *European Mud* auf wässriger Acrylbasis (vgl. das Foto 3.3-13). Alternativ bieten sich sogenannte »*Heavy Body Acrylics*« aus dem Künstlerbedarf an, die ebenfalls wasserverdünnbar sind und sich auch mit weiteren Füllstoffen, wie dem verwendeten Erdreich, dafür vorbereiten lassen. Um die Spurrinne darzustellen, die das große Fahrzeug hinterlassen hat und in deren Zentrum das wassergefüllte Schlammloch ist, wurde dabei sowohl nach vorn wie auch nach hinten weiteres Erdreich zur Seite geschoben.

3.4-12 Das »Wasser« ist mit ein wenig heller Erdfarbe angereichert. Stark verdünnte Acrylfarbe imitiert in hochglänzendem Klarlack die Schwebstoffe, die dem Pfützenwasser je nach Lichteinfall eine Farbe verleihen. Vorsicht: Die zum Eintönen verwendete Farbe darf keine Weißanteile enthalten, sonst wird der Klarlack möglicherweise milchig. Wie das Schlammloch aussieht, nachdem weiteres »Wasser«, auch auf der Straße, hinzugekommen ist, zeigt das Foto 3.4-01 am Anfang dieses Kapitels und ist auf Seite 2 am Anfang des Buchs zu sehen.

3.4-13 Kies oder Splitt sorgen für eine wasserdurchlässige Bettung. Damit liegt das Gleis fest und trocken, also recht witterungsunabhängig, in seiner Bettung, wie hier die Gleise der Spurweite 600 mm. Die Bettungshöhe reicht bis zur Schwellenoberfläche oder deckt diese sogar ab. In der historischen Fachliteratur werden für die Bettung aus Kleinschlag, also Splitt (früher in diesem Zusammenhang auch als Steinschlag bezeichnet), Hartgesteine genannt, und zwar in erster Linie: »Diabas, Gabbro oder Grünstein, Basalt, blaue Grauwacke, sowie einige Arten Porphyr und Kohlensandstein.«

In zweiter Reihe kommen Melaphyr, Quarzit, Diorit, die innig gemengten Granit- und Hornblende-Gesteine sowie bessere Porphyrarten, denen sich dann Hochofenschlacken, Kalksteine und die gewöhnlichen grobkörnigen Granite und Porphyre, die der großen Feldspatkristalle wegen weniger brauchbar sind, anschließen. Für die Farbgebung im Modell bedeutet dies, dass die Bettung vom Farbton her recht unterschiedlich ausfallen kann, wie wir es vom Schotter für die Regelspurgleise und vom Straßenpflaster her bereits kennen. Die hier ausgewählte Fotovorlage ist von daher nicht allgemein farbverbindlich.

3.4-14 Dieser H0i-Gleisbereich soll eine Kies- und Splittbettung erhalten. Gleisschotter der Regelspurbahn, Betonplatten und Straßenpflaster (siehe die entsprechenden Kapitel) begrenzen die Bettungsfläche, in der das H0i-Gleis (BUSCH) bereits fest verlegt ist.

3.4-15 Zuerst erhalten die Schienenflanken ihren Rostton. Da diese Schmalspurgleise nur mit sehr geringer Geschwindigkeit befahren werden, ist ein Rostabrieb in dem Ausmaß, wie wir ihn bei Regelspurgleisen finden können, nicht gegeben. Dies belegt das Foto 3.4-13. Der Rostton wird also mit dem Airbrush auf die Schienenflanken aufgetragen, bevor die Bettung der Gleise erfolgt und die Schienen einfasst. Deshalb müssen lediglich die unmittelbar angrenzenden Fahrwege, also die Betonplatten und das Steinpflaster, bündig zum Gleis maskiert werden.

3.4-16 Wieder sind es Künstler-Acrylfarben, aus denen der Haftgrund für die Schüttung besteht. Mit den Farbtönen *Grau*, *Siena natur* und *Titanweiß* wird ein Farbton angemischt, der der Eigenfarbe vom hier ausgewählten, maßstabsgerechten Modellkies/-splitt möglichst nahe kommt. Die Wahl des Materials, mit dem Kies und Splitt dargestellt werden sollen, zählt ebenfalls zu den Herausforderungen in diesem Kontext. Korngrößen, Bestandteile und Eigenfarben spielen eine wichtige Rolle. Vorversuche, wie sie von anderen Aufgabenstellungen her schon bekannt sind, empfehlen sich also auch an dieser Stelle.

3.4-17 Unmittelbar auf den Farbauftrag mit dem Pinsel erfolgt die Schüttung mit dem ausgewählten Modellsplitt. An den Kanten zu den angrenzenden Flächen ist die angemischte Acrylfarbe recht pastos aufgetragen und verbindet so die Flächen miteinander. Dabei wurde auf jegliches Maskieren bewusst verzichtet, um die Übergänge realistisch zu gestalten. Die Weichen blieben hierbei ausgespart, und zwar aus zwei Gründen: Zum einen soll ihre Funktionstüchtigkeit nicht durch eingestreutes Material beeinträchtigt werden, zum anderen ist es sinnvoll, ihren Untergrund erst dann passend einzufärben, wenn die endgültige Farbgebung für den Splitt abgeschlossen ist.

3.4-18 Die Farbe der Gleisbettung hat eine Veränderung in Richtung Vorbildfoto erfahren. Die Entscheidung, sogenannten Wegkies (ASOA) für die Bettung zu verwenden, beruht auf dessen Körnung. Mit Hilfe des feinkörnigen Verfugungsmaterials aus dem Pflasterstraßenbau (vgl. Seite 122 ff.) ließ sich für die Splittbettung schlussendlich der gewünschte farbliche Gesamteindruck erreichen. Dazu wurde das Verfugungsmaterial mit einem Pinsel fein verteilt und mit klarem Mattlack – mit dem Airbrush und wenig (!) Druck – fixiert. Sobald dies geschehen ist, kann der Untergrund der Weiche inklusive des durchlaufenden Metallbands mit einer passend angemischten Farbe angeglichen werden. Achtung: Bei all diesen Arbeiten gilt es, die Funktionstüchtigkeit der Weichen laufend zu überprüfen und die Schienenköpfe zwischendurch immer wieder mit geeignetem Reiniger zu säubern! Nun kann die Feinarbeit an den Weichen mit dem Abdecken der Messingschrauben und dem Bemalen der Hebelgewichte beginnen, bevor es mit der weiteren Ausgestaltung der Umgebung weitergeht.

3.4-19 Ähnliche Aufschüttungen von Kies und Splitt sind auf sogenannten Schüttbahnsteigen zu finden. Vor dem imposanten Bahnhofsgebäude einer Kleinbahn ist der Hausbahnsteig auf diese Weise befestigt, wie das aus dem Zug aufgenommene Foto zeigt. Wichtig war für den Bau von Bahnsteigen dieser Art, die an der Gleisseite meist mit Stützmauern unterschiedlichster Bauweise gehalten wurden, dass sich auf ihnen kein Oberflächenwasser sammelte. »Zur Ableitung des Wassers erhalten die B. ein Quergefälle, das nach der Befestigung zu bemessen ist (1:10 bis 1:25 bei Kies, 1:20 bis 1:50 bei Platten, Pflaster, Asphalt).« (ENZYKLOPÄDIE DES EISENBAHNWESENS, Hrsg DR. FREIHERR V. RÖLL, Berlin und Wien).

Kleine Randbemerkung zum Foto: Interessant ist an dieser Aufnahme auch, dass der Bahnhof noch eine Poststelle ganz im Stil vergangener Zeiten zu beherbergen scheint, wie das Schild links von der rechten Tür anzeigt. Auch ein großer handgezogener Gepäckkarren, ein sogenannter Tafelwagen, ist noch vorhanden und links im Bild zu sehen.

3.4-20 Bei diesem Schüttbahnsteig eines kleinen Haltepunkts ist die Schüttung offenbar mit Beton verstärkt worden. Da für solche Bahnbauten im Vorbild stets eine kostengünstige Befestigungsvariante gewählt wurde, weisen sie nach kurzer Zeit eine »abwechslungsreiche« Oberfläche auf. Um eine solche Oberfläche im Modell anzufertigen, wird auf dem Bahnsteigkörper mit einer Untermalung (ggf. farbigen Grundierung) begonnen, die mit dem Airbrush auszuführen ist. Nach dem darauffolgenden Aufbringen einer ersten Schüttung über einer sehr dünnen Weißleimschicht, wobei auch die Siebe (s. Bild 3.4-05) wieder hilfreich sein können, werden mit dem Airbrush farblich fein differenzierte Flecken angelegt. Eine zweite, ebenfalls sehr dünn, aber unregelmäßig aufgebrachte Weißleimschicht lässt die nächste Wegkiesschüttung nur stellenweise haften, womit der gewünschte Eindruck verstärkt wird. Auch diese Oberfläche lässt sich weiter mit dem Airbrush gestalten.

3.4-21 Schon beim Gestalten des Bahnsteigs lohnt es sich, von verschiedenen Seiten zu schauen. Der danebengestellte Hafenbahnwagen hilft, die Größenverhältnisse richtig einzuschätzen. Wichtig ist, dass der Bahnsteigbelag einerseits nicht zu gleichmäßig ausfällt, andererseits die Schäden aber auch nicht übertrieben wirken. Ist die Bahnsteigoberseite zu rau ausgefallen, hilft Schleifen. Stellen, die Glanz zeigen, werden mit mattem Klarlack überspritzt. Ist der Schüttbahnsteig »zu bunt« ausgefallen, wird mit dem Spritzen passender Lasuren ein Angleichen zwischen den Farbtönen erreicht.

Ohne Plastikglanz – ganz unterschiedliche Kfz

3.5-01 Auch wenn gerade Erdbewegungen mit ihnen bewältigt wurden, behalten einzelne Baufahrzeuge durchaus ihr neuwertiges Erscheinungsbild. Bei der Darstellung starker Verschmutzungen auf Modellen solcher Fahrzeuge können Farben verwendet werden wie die, die zur Darstellung der Pfütze/des Schlammlochs am Straßenrand dienten (s. Bild 3.4-11 auf Seite 154). Vorher gilt es aber zu beurteilen, ob die Grundfarben des Modells wirklich maßstabsgerecht sind.

Der *Scale Effect* spielt natürlich auch bei Kfz-Modellen eine wichtige Rolle. Hier gilt es, ebenso wie bei Architekturmodellen, eine folgerichtige Beobachtung als Teil des *Scale Effects* umzusetzen. Auf den Teilen eines Fahrzeugs, auf die Licht fällt, kommt weder reines Schwarz noch reines Weiß vor. Darüberhinaus unterliegt auch der Glanzgrad »in der großen Welt« natürlich der Luftperspektive und damit dem *Scale Effect*. Je weiter ein Gegenstand vom Betrachter entfernt ist, je kleiner also der Betrachtungsmaßstab wird, desto weniger kommt der Glanzgrad einer Oberfläche zur Geltung. Eine hochglänzende Lackierung auf dem großen Vorbild wird in der Entfernung und damit auf dem Modell zu einer seidenmatt glänzenden Fläche. Wobei unter dem Begriff »seidenmatt« natürlich eine ganze Bandbreite von Glanzgraden versammelt ist, nämlich in Abstimmung mit dem Maßstab faktisch alle Abstufungen zwischen glänzend und matt. Hier ist also viel Spielraum in der praktischen Modellumsetzung, solange es nicht nach »Plastikglanz« aussieht. Ein auf dem Modell vielleicht etwas zu matt geratener Farbauftrag wird niemanden irritieren, ein im Ganzen speckig glänzendes Modell dagegen schon. Nur gefettete, ölverschmierte oder nasse Oberflächen werden partiell durch einen entsprechend höheren Glanzgrad betont. Ein hochglänzender Farbton wird stets farbintensiver wirken als ein matter. Selbst wenn die Farben mit Blick auf den Scale Effect hier zusätzlich etwas in ihrer Brillanz zurückgenommen werden, wird das Fahrzeug trotzdem als farblich deutlich akzentuiert und neuwertig wahrgenommen.

3.5-02 Der Alltag hinterlässt selbst auf gut gepflegten Fahrzeugen schnell seine Spuren. So sind bei diesem Gespann nicht nur die Ketten des Baggers, wie auch die Planken der Rampe, recht verschmutzt. Arbeits- und Rostspuren zeigt auch der Greifer auf der Ladefläche. Markante Verschmutzungen auf dem Container und merkliche Verfärbungen am Auspuff kommen hinzu. Hier können auf dem Modell also die schon bekannten Washings zum Einsatz kommen.

Wie viel von derartigen Spuren auf einem kleinen Modell maßstabsgerecht noch zu sehen ist, hängt sicherlich vom Einzelfall ab und wird von Fall zu Fall zu entscheiden sein. Leichtes Mattieren einzelner Stellen mit dem Airbrush und einer dünn gespritzten Schicht »Staubfarbe« reicht bei kleineren Modellen oft schon aus, um den Eindruck einer Alltagssituation zu erreichen. Dazu muss das Modell im Ganzen aber schon so eingefärbt sein, dass die Lackierung dann, auch mit Blick auf den *Scale Effect,* glaubhaft wirkt.

3.5-03 Zwischen dem eben Gezeigten und einem Modell out-of-box können Welten liegen. Dieser aufwendig bedruckte VOLVO F12 Truck (*Albedo*) ist dafür ein eindrucksvolles Beispiel. Die Grundfarbe des Sattelzugmodells ist Reinweiß, die leuchtend rote Farbe des Fahrgestells ähnelt dem RAL-Ton *Verkehrsrot 3020*, die Bereifung ist in Tiefschwarz ausgeführt. Ausgehend von den Überlegungen zum Scale Effect (zusammengefasst ab Seite 99) bedarf das Fahrzeug also einer umfassenden farblichen Überarbeitung, da in der maßstabsgerechten Verkleinerung keiner der genannten Farbtöne – außer Schwarz in zurückliegenden Schattenbereichen (!) – vorkommt. Zudem zeigt das abgenommene und in Richtung des Lichts gekippte Dach einen starken Plastikglanz, in dem sich der über die Bestandteile des Trucks gehaltene Airbrush spiegelt. Auch einen solchermaßen ausgeprägten Glanzgrad gilt es zurückzunehmen (vgl. Bildtext zum Foto 3.5-01).

Für die farbliche Überarbeitung empfiehlt es sich, ein derartiges Fahrzeug – soweit möglich – in seine Baugruppen zu zerlegen, da sonst sehr umfangreiche Maskierarbeiten vonnöten sind. Einfacher kann es da sein, gleich auf einen Bausatz zurückzugreifen, denn nach dem Zerlegen eines Fertigmodells bilden die Einzelteile letztlich nichts anderes, nur, dass beim Demontieren eines Modells stets die Gefahr besteht, dass Bauteile kaputtgehen.

3.5-04 An einem kleinen Modellbausatz lässt sich alles ausprobieren. Einen guten Weg, sich mit einem Thema wie diesem näher auseinanderzusetzen, stellt sicherlich das Bauen eines vorbildorientierten Modells dar. Wichtig ist dabei, dass alle Fahrzeugkomponenten möglichst einzeln dahingehend hinterfragt werden, wie sie, bei einem großen Vorbild aus maßstäblicher Distanz betrachtet, tatsächlich aussehen. Vorbild für den hier ausgewählten Bausatz ist der zwischen 1951 und 1961 in Deutschland gebaute zivile Lkw *Ford FK*.

3.5-05 »Box Art«: Die Lkw-Darstellung auf dem Bausatzdeckel als mögliche Farbvorlage. Gebaut wird das Modell dieses deutschen FORD-Lkw im Maßstab 1:87. Einen Autolack maßstabsgerecht wiederzugeben bedeutet, ihn unter Berücksichtigung des *Scale Effects* aufzuhellen, mit zunehmender Verkleinerung auch abzutönen, und vom Glanzgrad her anzupassen. Erst dann ist ein Kfz-Modell mit seiner Farbgebung auch eine annähernd maßstäbliche Verkleinerung des Vorbilds. Diese Beobachtung und Anpassung des Farbeindrucks folgt den Gesetzmäßigkeiten der Luftperspektive, die in Malerei und Illustration gelten, und wird von dort folgerichtig für den Modellbau übernommen. Eine gelungene Illustration in passender Größe kann also durchaus eine gute Arbeitshilfe sein.

Das individuelle Gefühl dafür, ob etwas im gewählten Maßstab »richtig« aussieht, stellt sich bei intensiverer Beschäftigung mit diesem Thema rasch ein und sorgt schließlich für eine Vielfalt, die die großen Vorbilder liefern. Als Faustregel mag für die Modellbahnpraxis gelten, dass »zu hell« meist nicht als falsch empfunden wird, der Originalton oder ein sehr brilianter Farbton auf dem Modell aber schlicht unrealistisch oder gar spielzeughaft aussieht.

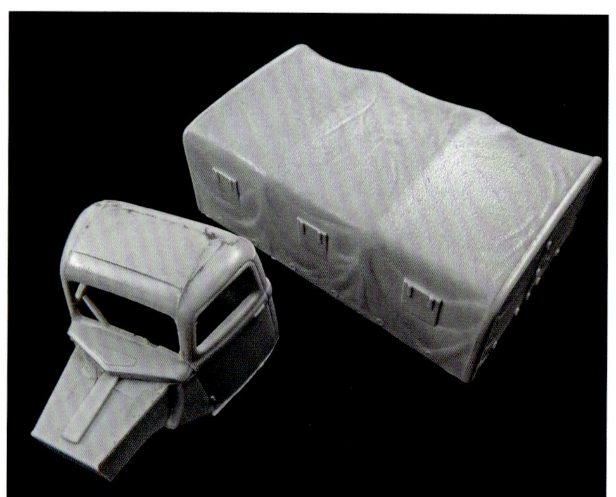

3.5-06 Fahrerhaus + Plane sind neben der Pritsche und der Bodengruppe die »großen« Bauteile. Aus fünf Baugruppen mit jeweils eigenen Farbaufträgen setzt sich das Lkw-Modell zusammen: das Chassis, die Räder, das Führerhaus mit Motorhaube, die Pritsche mit Unterbau und die Plane. Hinzu kommen Anbauteile, wie die unter der Pritsche montierten Schutzbleche, der Kühlergrill, die Lampen und diverse Kleinteile.

Die zivile Version des Lkw unterscheidet sich äußerlich nur wenig von der militärischen. Für die zivile Ausführung wird das Dach plan geschliffen und die Planenfenster für den Truppentransport werden ebenfalls »eingeebnet«. Ein Scheibenwischer fehlte bereits beim Herausnehmen aus der Schachtel. Da die Scheibenwischer doch sehr vereinfacht dargestellt sind, sollen gleich beide durch feinere Scratchbauteile ersetzt werden. Dabei soll an dieser Stelle der Hinweis nicht fehlen, dass auch für Fahrzeugmodelle im Eisenbahnmaßstab 1:87 Zurüstteile aus verschiedenen Materialien angeboten werden.

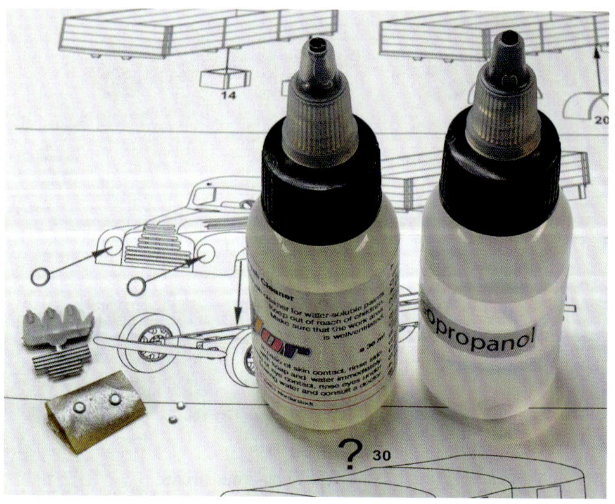

3.5-07 Reiniger sorgen für das »Entfetten« der Bauteile. Für das Entfernen von produktionsbedingten Trennmittelresten und Fingerfett steht stets Isopropanol (aus der Apotheke) bereit, abgefüllt in eine kleine Leerflasche mit Dosierkappe. Isopropanol kann zwar ganz vereinzelt die Oberfläche eines Kunststoffs oder eine Bedruckung auf Fertigmodellen (speziell auch bei Eisenbahnmodellen/rollendem Material) angreifen. Ein schneller Vorversuch auf einem Gießast oder auf einer später nicht einsehbaren Stelle schafft hier Sicherheit. Eine Alternative kann ein von den Farbherstellern angebotener Airbrushreiniger sein, der dann mit Wasser abgespült wird.

Den ersten Farbauftrag mit dem Airbrush erhalten der Kühlergrill und die Lampenringe. Damit Kleinteile beim Anspritzen mit dem Airbrush nicht wegfliegen, werden sie auf Klebeband (alternativ Masking Tape) festgedrückt. Die beiden auf den Lampenringplatten noch fehlenden Scheinwerfergläser stammen nicht aus dem Bausatz, sondern aus der Sammelkiste.

3.5-08 Krokodilklemmen helfen beim improvisierten Halten der Bauteile. Die Bodengruppe des Ford Lkw bekommt den nächsten Farbauftrag. Ein paar Krokodilklemmen zum Halten der Modellteile und Styroporklötze aus nicht mehr benötigtem Verpackungsmaterial sind hilfreich, wenn kein *TAMIYA*-Drehständer oder eine andere Haltevorrichtung greifbar ist. Um sicherzugehen, dass der Unterbau schließlich in einheitlichem Anthrazit glänzt, kann zuerst alles in »Plastikschwarz« nachgespritzt werden, was farblich abweicht. Es folgt ein dunkler Anthrazitton entsprechend dem selbst festgelegten Scaleton, denn »reines« Schwarz kommt bei einem Modell nur in den Schattenpartien vor.

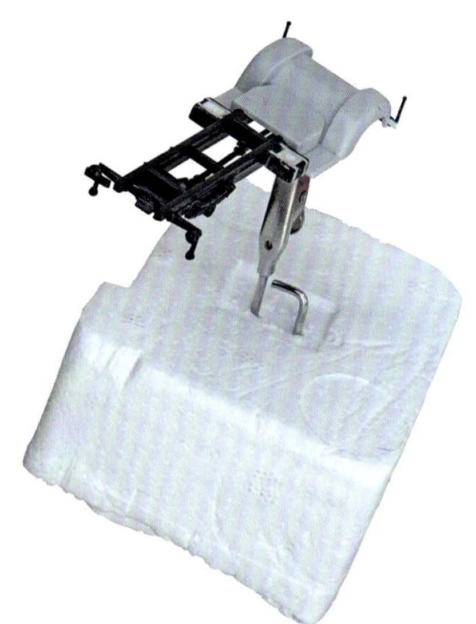

3.5-09 Die Farbaufträge mit dem Airbrush. Dieses Lkw-Modell besitzt schon durch seinen Maßstab keine nennenswert großen Flächen. Dennoch ist bei allen Bauteilen fachgerecht vorzugehen. Fachgerecht heißt hier selbstverständlich erst einmal, dass sehr feine Farbaufträge »trocken«, also so gespritzt werden, dass die Farbaufträge unmittelbar nach dem Spritzen keinerlei Feuchtigkeit mehr zeigen und weiterbearbeitet, also bei Acrylfarben auch gleich maskiert werden können.

Gerade wenn die Gesetzmäßigkeiten des Scale Effects bei der Farbgebung berücksichtigt werden, gilt es zudem mehrere, oft verschiedenfarbige Farbaufträge möglichst fein gespritzt übereinander zu legen. Auf der Plane ist gut zu sehen, wie die gespritzte »Untermalung« die Planenfarbe bereits schattiert. Dies ist nur mit sehr feinen Farbaufträgen zu erreichen, deren endgültiger Farbton langsam aufgebaut wird. So lässt sich eine Schattenpartie, wie sie unter der Ladefläche zu finden ist, gut über einer schwarzen Grundierung darstellen. Auch die Innenseite der Fahrerkabine erhält als Erstes einen schwarzen Farbauftrag, sodass beim weiteren Überspritzen ein dunkler Schattenton entsteht. Boden und Armaturenbrett bleiben schwarz, um später, beim Blick durch die Scheiben, einen guten Kontrast zu gewährleisten. Die Sitzbank wird aus dem gleichen Grund eine Nuance zu hell gespritzt. Ein dunkles Washing sorgt dafür, dass die Gravuren auf den Bauteilen nach dem folgenden Lackieren eine scalegerechte Betonung besitzen. Der Schatten unter dem »schwarzen«, also anthrazitfarben eingefärbten Kotflügel hingegen entsteht durch das abschließende Überspritzen von unten mit reinem Schwarz.

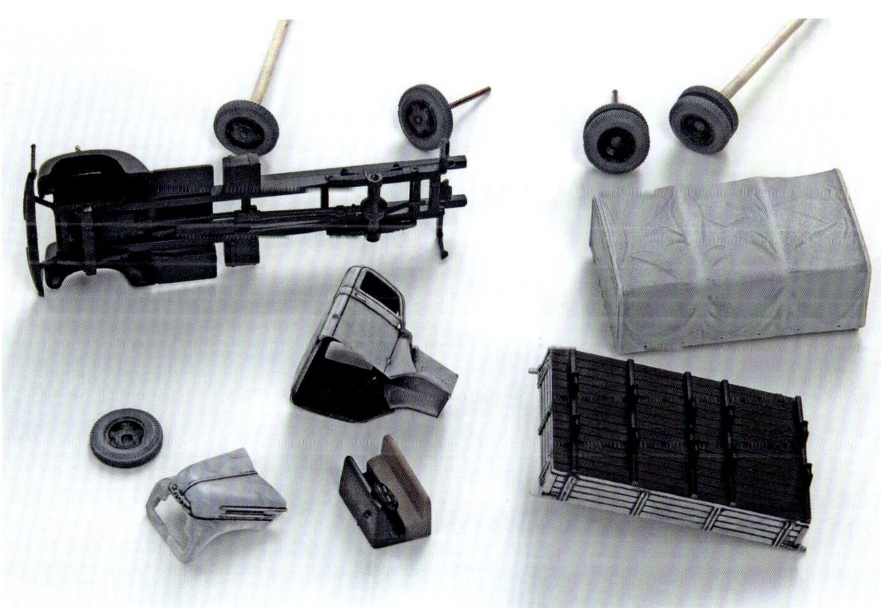

Projekt: Ford – Blau

	Grund-farbe	+ Mischfarben				Spritzproben
Farbname	Ultramarin	Weiß	Blauviolett			
Farbnr.	600 10	60023	60013			
Anteile	60					
+ Anteile		15				
+ Anteile		30				
+ Anteile		30				
+ Anteile		30				
+ Anteile		30	2			
+ Anteile						
= Anteile	60	135	2			

© Mischbogen MATHIAS FABER, Erste Hilfe AIRBRUSH

3.5-10 Beim Vorbereiten der Wagenfarbe hilft ein Mischbogen. Stimmige *Scale*-Farbtöne sind unabdingbar für eine überzeugende Farbgebung. Die gewünschten Farbtöne lassen sich aus allen gängigen Farbsortimenten heraus anmischen oder aus dem großen Angebot speziell für Modellbauer als fertiger Farbton auswählen. Spritzproben sind in beiden Fällen wichtig, erstens: um zu schauen, wie der mit dem Airbrush aufgebrachte Farbauftrag im Original aussieht, und zweitens: um die Deckkraft der gewählten Farbe, gerade auch im Hinblick auf eine Vorschattierung, einschätzen zu können. Die schwarzen Punkte und ihre Sichtbarkeit unter den Spritzproben gibt Auskunft darüber, wie stark eine Farbe tatsächlich deckt. In einer Reihe von Farben kann zur Erhöhung der Deckkraft eine geringe Menge Weiß zugegeben werden, ohne dass der Farbton sich spürbar ändert, und auch dafür sind Farbtests natürlich unerlässlich.

3.5-11 Ohne Maskierband (*Masking Tape*) geht es nicht. Gleichmäßig feine, linienförmig gespritzte Farbaufträge sind in mehrfacher Hinsicht wichtig. Der schwarze Schatten unter dem Kotflügel und auf dem Rahmenholm, auf dem später die Ladefläche sitzt, ist ebenso frei, also ohne Masken, gespritzt wie der Rostansatz auf den Blattfedern. Aber auch für die Details, die mit speziellem Maskierband für den Modellbau freigestellt sind, wird ein solches Spritzbild benötigt. Dazu gehören die Träger unter der Holzpritsche, die Chromzierleisten auf der Kühlerhaube und die Türgriffe. Fällt der Farbauftrag hier zu grob aus, entstehen im »Chrom« kleine »Beulen« – ist der Farbauftrag zu nass, werden die Kapillarkräfte des Maskierbands die Farbe seitlich »ausfransen« lassen.

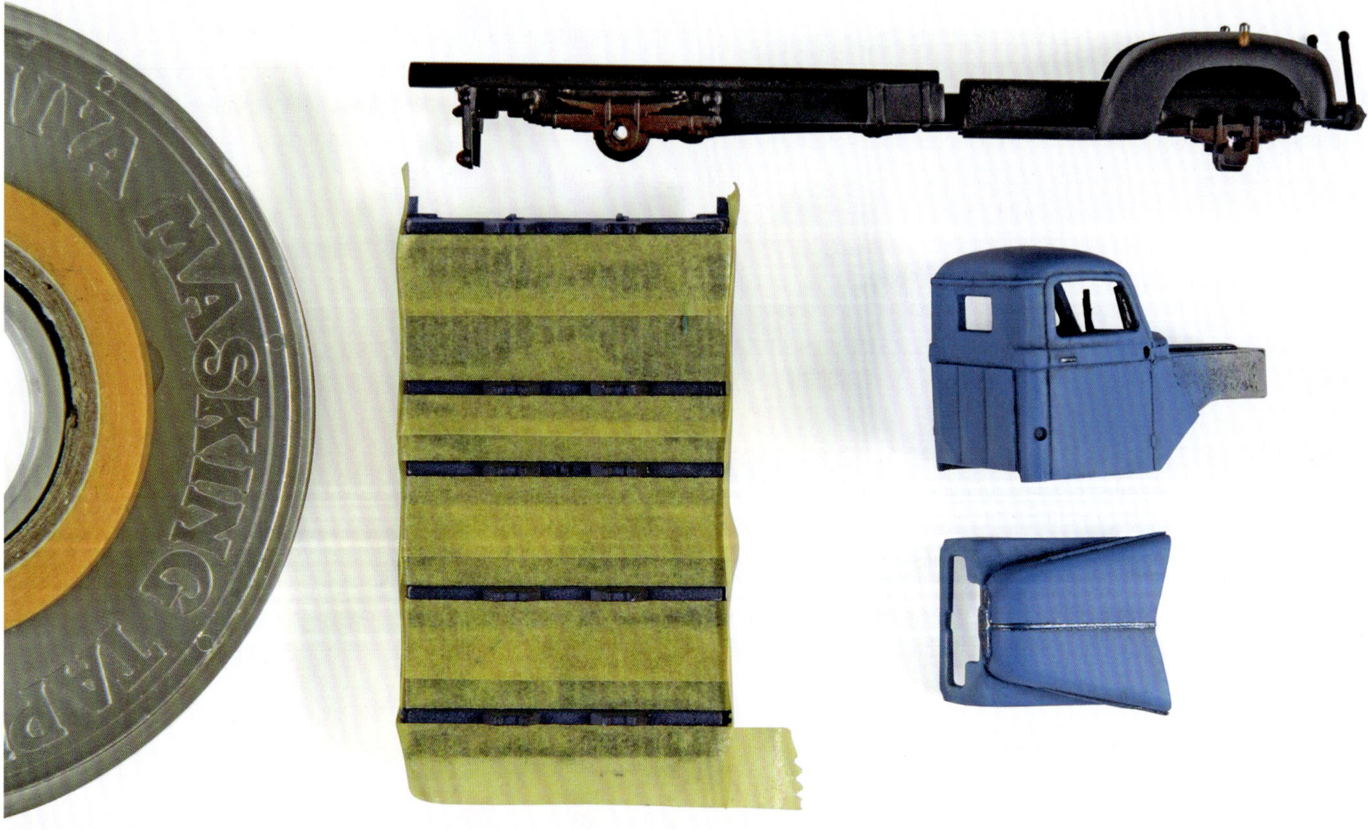

3.5-12 Endkontrolle am zusammengesetzten Modell. Durch die farbliche Betonung von Licht und Schatten entsteht ein vorbildgetreuer Eindruck. Zum Teil kontrastreiche, zum Teil feine bis sehr feine Farbabstufungen zwischen den kleinen Flächen verleihen dem Modell ein recht glaubhaftes, wenn vielleicht aber noch zu sauberes oder zu neu wirkendes Äußeres. In dieser Hinsicht kann an dieser Stelle jedoch problemlos mit matten »Staubfarben« etc. weitergemacht werden.

Bei den Decals, also den Nassschiebebildern, die auch hier mit Hilfe von speziellem Decalpapier und einem Laserdrucker gefertigt werden können, muss wieder darauf geachtet werden, dass die Plane vor dem Aufziehen der Decals eine hochglänzende Oberfläche bekommt. Mit dem Airbrush und klarem Hochglanzlack lässt sich so jegliches »Silbern« des Trägermaterials, also der Einschluss kleinster Luftbläschen, verhindern. Nach dem Durchtrocknen der Decals wird mit dem Airbrush ein klarer Mattlack aufgebracht, bis ein stimmiges Ergebnis entstanden ist.

3.5-13 »Metallic-Lack« auf einem Transporter im Maßstab 1:87. Die Pigmentierung der verwendeten Farbe ist definitiv zu grob. Neben dem passenden Glanzgrad müssen natürlich auch die Pigmentgrößen, besonders von Metallic-Lackierungen, dem Maßstab des jeweiligen Modells entsprechen (schon deshalb ist hier die Verwendung von Original-Autolacken nicht angeraten, da deren Farbaufbau und Metallic-Struktur viel zu grob ist). Zudem gilt für alle Farbtöne, mit denen metallische Oberflächen, wie insbesondere auch Chromteile, dargestellt werden sollen, dass immer zu prüfen ist, ob sie sich nach dem Trocknen von ihrem Erscheinungsbild her (Pigment/Helligkeit/Glanzgrad) auch wirklich für den jeweiligen Maßstab eignen. Mehr zum Thema Metall findet sich bereits im Kapitel 2 auf Seite 91.

3.5-14 Über das Thema »Chrom« rückt das Thema »Glanz« nochmals in den Blick. Beim Modell des *Auto Union 1000 S* (*BREKINA*) sind es erst einmal die Radkappen und der Kühlergrill, die sofort ins Auge fallen und überzeichnet wirken. Aber auch die übrigen Chromteile, der Glanz der Wagenfarbe und deren nicht scalegerechte Brillanz könnten suggerieren, dass der Wagen zumindest direkt aus dem Showroom eines Händlers kommt. Das Dach des Hamburger Schnellbusses (*Stadt im Modell*) glänzt ebenfalls auffällig, obwohl das Dach hell ist, und das im Kontrast zur matteren Bedruckung der Fahrzeugseiten. Der *Citroën Type A* (*Artitec*) hingegen zeigt so gut wie keinen Glanz und zumindest seine Scheinwerfer könnten etwas mehr davon vertragen. Allen gemeinsam ist, dass sie direkt aus der Schachtel kommen, noch ohne Zurüstteile wie Außenspiegel sind und mit reinem Schwarz gestaltet wurden …

3.5-15 Der Blick auf das Parkdeck vom Flughafen des *Miniatur Wunderland Hamburg* brachte die Idee eines umfassenderen Vergleichs zwischen Modell und Vorbild wieder ins Spiel. Das Parkdeck besitzt eine große Ähnlichkeit mit dem des Hamburger Flughafens. Im Zentrum des Parkhauses ragt sowohl im *Miniatur Wunderland* als auch im Vorbild das Flughafenhotel (*Radisson Blu*) in die Höhe. Aus der obersten Etage des Hotels ist also ein im Wortsinn »halbwegs« scalegerechter Vergleich möglich.

Das Foto aus dem *Miniatur Wunderland* zeigt Autos auf dem Parkdeck, die mit sehr deutlichen Lichtreflexen auffallen. Wobei es die eher dunklen Fahrzeuge sind, die stark und kontrastreich zu spiegeln scheinen, obwohl einige Wagen ziemlich eingestaubt sind und durchaus eine Wagenwäsche vertragen könnten. Bei den ganz hellen gibt es beim Lack keine Auffälligkeiten.

3.5-16 Den Blick aus der obersten Etage des Hotels gibt ein Vergleichsfoto wieder. Die Kontraste auf den sauberen Autos wirken weicher und nicht so kontraststark wie beim eben betrachteten Parkdeckmodell, auch die Chromteile zeichnen sich nicht so stark ab. Fazit: Das eigentliche Kriterium für die Beurteilung des scalegerechten Glanzgrades auf Modellen könnte also der durch den Glanzgrad erzeugte Kontrast auf einer an sich einheitlichen Farbfläche sein.

3.5-17 Bei diesen beiden Autos hat sich das Thema »Glanz« erledigt. Der abgeschleppte *Ford Model T* und der Abschleppwagen *Ford Model TT* (beide Modelle von *Artitec*) sind ebenfalls gerade aus der Schachtel genommen und für eine erste Einschätzung auf die Straße gestellt worden. Das Schwarz des Abschleppwagens dürfte etwas heller, also scalegerechter sein, und wird deshalb als Nächstes aufgehellt. Der Kühler ist vielleicht ein wenig zu stumpf, alles ist weit von jeder »Showroom Condition« entfernt. Und mit diesem »vielleicht« sind wir wieder bei dem Spielraum und der Gestaltungsfreiheit angelangt, die es natürlich trotz aller Regeln gibt und die auch hier, wie schlussendlich in allen Bereichen des Anlagenbaus, erst zu sehr überzeugenden Modellen führen werden.

Symbole
3D-Druck 108 f.

A
Abrieb 15, 17
Abstandsmaske 60, 78
Acrylfarbe 18, 19, 22, 29, 41 f., 50, 56, 63, 67, 85, 93, 113, 120, 130, 140, 145, 152, 154, 156, 161
Airblower 96
Airbrush-Hebelstellung 84
Airbrush-Strahl 13
Akzentuierung 63
Altern 58
Arbeitsaufwand 118
Arbeitsprobe 56
Architekturkarton 65
Architekturmodelle 5, 35, 57, 94
Asphalt 5, 17, 55, 115 f., 129 f., 132, 139, 156
Ätzblech 76
Ätzgravur 126
Ätzteil 48 f., 75, 126
Aufhellen 21, 30, 58, 80 f., 96 f., 105 f., 119
Aufhellung 12, 24, 30, 42, 59, 65, 78, 80, 96, 97, 104, 119, 127
Aushärten 145

B
Bahnbetriebswerk 21, 24
Bahnepoche IIa 43
Bahnübergang 17 f., 117, 122 f.
Bankett 132, 153
Basisfarbe 33, 93
Bauanleitung 28, 30, 58 ff., 77, 83, 86, 94, 102, 106
Beflocken 57
Beton 5, 9, 17, 28, 55, 78, 115 ff., 133, 136, 138, 140 ff., 157
Betonschwelle 5, 9, 15, 17, 28, 55, 78, 115, 116, 133, 136, 138, 140, 141, 142, 157
Betrachtungsabstand 68
Betrachtungsmaßstab 99, 158
Betriebsspur 20 f.
Bettung 13, 15, 154, 155, 156
Bindemittel 22, 103
Bleistift 44, 59, 134, 138
Bleistiftschraffur 44, 138
Bodenplatte 46, 58 ff., 71, 73, 78, 82, 103 ff.

D
Dachziegel 54, 63
Decal 40, 64, 66 f., 163
Decalpapier 40, 163
Deckkraft 47, 81, 86, 162
Deckschicht 141
Depafit 117
Desert Sand Primer 33
Detailreichtum 36
Distance Cap 62
Drehteller 84, 86, 95, 109
Durchpausen 138
Durchtrocknen 12, 19, 26 f., 47, 50, 86, 145, 163

E
Eigenfarbe 43, 81, 99, 120, 126, 131, 134, 155
Einbetten 13, 16 f., 124
Einschottern 11, 13, 18, 151
Einstreuen 57, 152, 153
Emailfarbe 42
Entfetten 160
Erdarbeiten 5, 116, 150
Erdfarbe 154
Erdreich 123, 127, 128, 150, 151 ff.
Erhaltungszustand 17, 36, 45, 51

F
Fachwerk 69, 72, 74, 79, 82, 92
Farbauftrag 7, 16, 22, 26, 29, 31, 39, 41, 43, 44, 46 f., 49 ff., 56, 62 f., 66 f., 69, 80, 87, 95, 102 ff., 148, 156, 158, 160 ff.
Farbdüse 54
Farbeindruck 48, 51, 109, 119, 124, 149
Farbfächer 48
Farbgebung 7, 15, 18, 30, 36 f., 42, 45, 47, 49, 50, 57, 71 f., 77, 83, 85, 87, 90 f., 94, 100, 104, 117 ff., 124 ff., 132, 134, 142, 144, 148, 154, 156, 160 ff.
Farbkonsistenz 55, 130
Farbschicht 49, 50, 62, 153
Farbverlauf 95, 104
Farbwirkung 124
Fensterfolie 39
Finnpappe 119, 124, 134
Fixieren 7, 73, 74, 81, 110, 118, 132
Flüssigmaske 50
Fotokarton 52, 93
Freiwischen 13, 29
Füllmaterial 130, 135

G
Gebäudemodell 36, 45, 57
Gießharz 145, 146
Gips 132
Glanz 12, 15, 19, 20, 22, 37, 67, 111, 126, 157, 164 f.
Glanzgrad 67, 91, 99, 158 ff., 163, 165
Gleis 11, 13, 14 ff, 33, 70 f., 76 ff., 133 ff., 138, 141, 154, 155
Gleisbau 7, 16, 150
Gleisbett 11, 13, 15, 20
Grafikermesser 42, 44, 85
Granieren 134
Gravur 29, 49, 82, 104, 130, 134
Größenvergleich 66
Grundfarbe 23, 26, 29, 41, 46, 55, 66, 81, 83, 88, 90, 98, 102, 109, 111, 118f., 141, 159
Grundierung 14, 26, 31 f., 46 ff., 57, 88, 108, 117, 124, 126, 147, 157, 161

H
H0-Maßstab 87, 95
Haftfestigkeit 47
Haftgrund 98, 152, 155
Haltewerkzeug 85
Hauswand 50, 59, 67
Heavy Body Acrylics 51, 130, 154
Hintergrundbeleuchtung 68
Holzbohlen 12, 18, 139 f., 141
Holzimitation 71
Holzreparaturspachtel 120
Holzschwelle 9, 12, 15, 28 ff., 36, 93, 142
Holzstruktur 12
Holzteile 46, 49 f.

I
Industriearchitektur 36
Industriebahn 133
Industriefassade 5, 36, 40
Industrie-Tank 5, 108
Inneneinrichtung 52, 70 f., 74, 77, 82 f., 89
Innenwand 78, 92
Isograph 27

K
Kartonmodellbau 41
Kartonstreifen 104, 134 f., 140
Kaschieren 117
Keramik 124, 136
Kfz 5, 137, 158, 160
Kitbashing 98, 137
Klarlack 15, 19, 22, 32, 66 f., 88, 97, 110, 124, 132, 139, 154, 157
Klarlacküberzug 15, 67
Klarsichtfolie 46
Klebeband 44, 160
Klebkraft 44, 49, 87
Kleinteile 141, 160
Knete 87
Komplementärfarben 79, 119
Kompressor 110
Kondenswasser 36
Kontrast 12, 21, 54, 93, 95, 103, 118, 161, 164 f.
Kopiervorlage 45
Korngröße 55
Kreppband 75, 120, 138, 140, 153
Krokodilklemme 26, 86
Kunststoff 28 f., 36, 43 f., 62, 67, 93, 95 f., 98, 105, 109, 127
Kurven-Lineal 40

L
Lackierständer 86
Lacktropfen 27
Lampenlicht 68
Laser-Cut 30, 64 f., 72, 109, 117, 121
Laserdrucker 40, 67, 163
Lasergravur 92, 104
Leim 153
Licht 24, 38, 39, 48, 50, 52, 57, 58 ff., 68, 70 f., 77, 81, 99 ff., 104, 111, 131, 158, 163
Lichteinfall 12, 59 f., 68, 78, 82, 85, 101, 144, 149, 154
Lichteinfallswinkel 95
Lichtperspektive 24
Linealführung 62, 105
Lkw 159 ff.
Lokalfarbe 99 f.
Luftdruck 54 f., 110
Luftperspektive 95, 99 f., 158, 160
Luftstrom 29, 76, 136, 150

M
Maske 22, 42 ff., 67, 78, 85, 93, 127, 135
Maskierband 29, 49, 61, 65, 75, 86, 93, 96, 103, 105 f., 127 f., 132, 160, 162
Maskierfilm 40, 44, 50, 56, 67, 103
Maskierflüssigkeit 50
Maskierfolie 44, 56
Maskierschablone 93
Maßangabe 86
Maßstab H0i 5, 30, 77, 133 f., 137, 155
maßstabsgerecht 86
Materialstärke 46, 49, 68
Materialunverträglichkeit 149
Mattlack 13, 27, 67, 71, 73, 118, 126, 156, 163
Mauer 37, 44, 57, 65, 82
Mauerwerk 40, 42, 43, 50, 65, 67, 95, 96, 97, 98
Miniatur Wunderland 146, 164
Mischverhältnis 103
Modelliermasse 139 ff.

N
Nachfärben 55, 152, 153
Nachgravieren 43, 134
nass-in-nass 147
Nassschiebebild 64, 66

O
Oberflächenentspanner 152
Oberflächenglanz 32, 109
Oberflächenstruktur 18, 52
Objekthalter 85
Öl 13, 18, 41, 84, 93, 112 f., 148
Ölfarbenbasis 18, 19, 41
out-of-box 58, 70, 75, 135, 159

P
Papiermaske 42, 56
Pappe 13, 39, 60, 69, 72, 75
Patinieren 58
Perspektive 34, 38, 61, 64, 73, 81, 91, 121
Pflaster 17, 69, 121 ff., 130, 156
Pflasterstein 122 f., 127
Pigment 41, 65 f., 71 ff., 96 ff., 104, 110, 118, 124, 132, 145, 163
Pigment-Washing 65 f., 74, 78, 90, 95 ff., 107, 110, 118 ff., 132, 134, 139, 141
Pinsel 33, 41, 42 f., 52, 56, 65, 69, 71 ff., 82, 93, 103, 110, 113, 137, 143, 148 f., 154, 156
Pinselzwinge 117
Plastic Scriber 43
Plastic Sheet 18, 36 f., 39, 66, 82, 123, 135
Plastikglanz 5, 13, 29, 137, 158, 159
Plastikklebstoff 97
Plastikmodellbau 41, 43, 51, 61
Plastizität 28 f., 38, 63, 74, 80, 85, 89 f., 93, 101, 103 f., 107, 126, 148
Prägestempel 117
Preshading 49, 126
Primer 33, 47, 124
Probestück 118 f., 122, 124
Putz 43 f., 64, 66, 70, 72

R
Raumtiefe 59
Realitätsanspruch 41
Reiniger 156, 160
Reinigungsmittel 12, 41, 85, 127
Riffelblech 18, 104, 105
Rohbau 57, 66
Rost 5, 10 ff., 17, 19, 22, 24, 29, 33, 36, 110, 112, 126, 142 f.
Rostabrieb 11, 16, 17, 155
Rostfleck 112
Rostspur 110, 112
Rostton 12, 14 f., 18, 21, 29, 103, 127, 134, 136, 155

S
Sand 15 f., 20, 33, 55, 116 f., 124, 129
Sandbettung 15
Saugkappe 54
Scale Effect 5, 13, 24, 38, 43, 53, 94, 99 ff., 105 f., 158 f.
Schattenfleck 30
Schattentiefe 5, 38, 58 ff., 68, 76, 81, 100
Schattenton 29, 76, 101, 106, 148, 161
Schattenverlauf 51, 62
Schattenwurf 51 f., 76, 78, 81, 85, 91, 105
Schattieren 30, 63, 103 ff.
Schlamm 148, 154
Schleifklotz 13
Schleifschwamm 13
Schmierfett 21 f.
Schmutzablagerung 29
Schmutzspur 33
Schmutzton 17
Schneidekante 62, 105
Schneidematte 49
Schneideplotter 40
Schnittlinie 56
Schotter 5, 10, 13, 21, 55, 154
Schotterbett 11, 13 f., 134, 151
Schottersteine 13
Schriftbild 40
Schritt-für-Schritt-Vergleich 58
Schutzlack 23
Scratchbau 41
Sekundenkleber 31
Sonnenlicht 48, 99
Spachtelmasse 120
Spachteln 57
Spiegelung 144
Sprenkeln 59
Sprenkeltechnik 55
Sprenkelkappe 20, 43, 54 f., 66, 143
Spritzabstand 29, 127
Spritzauftrag 47
Spritzbild 29, 47, 49, 54 f., 60, 96, 111, 162
Spritzprobe 84
Spritzrahmen 84 ff.
Spritzstrahl 13
Spritzvorgang 76, 85, 109
Sprühnebel 110
Sprühstrahl 60, 62, 69, 73, 95, 111
Spurgröße H0 14
Staub 47, 55, 82, 109
Straße 117 ff., 125, 128, 130 ff, 154, 165
Straßenbelag 18, 116, 123, 125, 130, 153
Straßenpflaster 5, 17, 116 f., 124, 134, 150, 154 f.
Strukturpaste 109, 111
Styrodur 117

T
Tageslichtbedingung 100
Teerdach 54
Teerpappe 54
Terpentin 41 f., 112 f.
Tesafilm 75
Testlinie 84
Testmaterial 61
Trägermaterial 122 f., 127
Transparentpapierbogen 138
Transparenz 79
Trockenmalen 52, 134
Trockenpassung 46, 73, 105
Trockenphase 33
Trockenzeit 27, 41, 47, 148
Trocknen 130, 145 f., 152, 163
Tuschefüller 27, 56, 65, 67
Tuschekante 62

U
Überspritzen 13, 22, 24, 44, 54, 61, 67, 71, 78, 81, 90, 93, 97, 119, 126 f., 135 f., 141, 150, 161
Ufer 148
Uferbefestigung 148

V
Verdünner 14, 22
Verdünnungsmittel 13, 41, 108
Verlauf 57, 104
Verschmutzung 19
Verwitterung 40, 58, 63, 110
Vorbildbezug 108
Vorbildfoto 51, 101, 156

W
Wandfarbe 51, 75
Wandmalerei 44, 45
Wash-Farbe 33
Washing 12, 18 f., 33, 41 f., 49, 51 f., 54, 63, 81, 85, 96 f., 104, 108, 112 f., 126, 161
Wasser 144 f..
Wasseroberfläche 147
Weißleim 147, 152
Weißleimschicht 157

Z
Zenithal Lighting 38, 100 f., 106
Ziegel 37, 51, 81, 90
Ziegelton 51, 54, 63
Ziegelwand 36, 40, 79, 89 f.
Zurüstteile 70, 88, 97, 160, 164
Zweikomponenten-Gießharz 146

Dankeschön!

An dieser Stelle möchte ich mich für die großartige Unterstützung bedanken, die ich von Freunden, Bekannten und Kontakten, die über die berufliche Schiene (!) kamen, erhalten habe.

Vielfach waren es ganz konkrete Dinge, ohne die dieses Buch in der vorliegenden Form nicht hätte gelingen können. Manchmal war es ein kleiner Hinweis, eine Anregung – etwas, was mit der Zeit zu einer Erkenntnis oder einem intensiveren Austausch heranwuchs.

Federführend auf Seiten des Verlags ist Lothar Reiserer. Seine ebenso professionelle wie warmherzige Herangehensweise habe ich bereits bei vorangegangenen Buchprojekten erfahren und schätzen dürfen. Das gelungene Layout dieses Buches verdanke ich zudem BUCHFLINK Rüdiger Wagner.

Eine Reihe von Modellen, deren Entstehung ich in diesem Buch dokumentiert habe, hat während des gemeinsamen »Klüterns« (Plattdeutsch für das handwerkliche Herumpusseln und Zusammenbasteln) in der Werkstatt von Kai Brenneis Form angenommen. Kai Brenneis gilt mein besonderer Dank, in den ich unsere gemeinsamen Klüter-Freunde Thorsten Meyer, Bjørn Münker, Uwe Lengler und Carsten Linow mit einbeziehen möchte für ihre Inspiration, ihre konstruktive Kritik und ihr tatkräftiges Zupacken.

Großartige Unterstützung bekam ich zudem von Angela Friedl: Sie hat mich bei der Materialbeschaffung unterstützt, wir waren zusammen zum Fotografieren unterwegs, wir haben gemeinsam Entdecktes im Atelier ins Modell umgesetzt, sie ist in meinen Buchmanuskripten auf Fehlerjagd gegangen und hat wertvolle Hinweise gegeben.

Mein Dank für eine tolle Unterstützung bei der Materialbeschaffung zum Bauen und Bildermachen, für Hinweise und für die Erlaubnis zum Fotografieren gilt auch, in alphabetischer Reihenfolge: Hans-Martin Ehlers • Horst Eising • Ruben Faber • Heiner Groh • Alexander Hohler • Till Kleina • Richard Köstler • Richard Storch • Harald Weber(†).

Dazu gehören: Mario Bloeck • Claudia Bomba • Jan Brodersen • Thomas Ernst • Thomas Gröber • Uwe Hoffmann • Mario Locker • Thomas Müller.

Den Kontakt zu Alexander Hohler und Till Kleina verdanke ich Heinz Hofmann.

Sollte ich jemanden vergessen haben, täte es mir sehr leid, und deshalb hier nochmals:

Ganz herzlichen Dank an alle, die in besonderer Weise zum Gelingen dieses Buchprojekts beigetragen haben!

Mathias Faber

Impressum

Verantwortlich: Lothar Reiserer
Schlusskorrektur: Ralf J. Klumb | The Wordworms
Layout: BUCHFLINK Rüdiger Wagner
Repro: LUDWIG:media
Herstellung: Julia Hegele
Printed in Türkiye by Elma Basim

Sind Sie mit diesem Titel zufrieden? Dann würden wir uns über Ihre Weiterempfehlung freuen.
Erzählen Sie es im Freundeskreis, berichten Sie Ihrem Buchhändler, oder bewerten Sie das Werk online.
Und wenn Sie Kritik, Korrekturen oder Aktualisierungen haben, freuen wir uns über Ihre Nachricht an GeraMond Media,
Postfach 40 02 09, D-80702 München oder
per E-Mail an lektorat@verlagshaus.de.

Unser komplettes Programm finden Sie unter 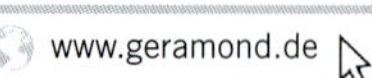

Alle Angaben dieses Werkes wurden sorgfältig recherchiert und auf den neuesten Stand gebracht sowie vom Verlag geprüft. Für die Richtigkeit der Angaben kann jedoch keine Haftung übernommen werden, weshalb die Nutzung auf eigene Gefahr erfolgt.

In diesem Buch wird aus Gründen der besseren Lesbarkeit das generische Maskulin verwendet. Weibliche und anderweitige Geschlechteridentitäten werden ausdrücklich mitgemeint, soweit es für die Aussage erforderlich ist.

Die Deutsche Nationalbibliothek verzeichnet diese Publikation in der Deutschen Nationalbibliografie; detaillierte bibliografische Daten sind im Internet über http://dnb.d-nb.de abrufbar.

ISBN 978-3-96453-603-7